避险与救助全攻略丛书

火灾险情 预防与救助

HUOZAI XIANQING YUFANG YU JIUZHU

陈祖朝　丛书主编
周白霞　本册主编

中国环境出版社·北京

**图书在版编目（CIP）数据**

火灾险情预防与救助 / 周白霞主编 . — 北京：
中国环境出版社，2013.5（2016.7 重印）
（避险与救助全攻略丛书 / 陈祖朝主编）
ISBN 978-7-5111-1264-4

Ⅰ . ①火… Ⅱ . ①周… Ⅲ . ①火灾—自救互救—普
及读物 Ⅳ . ① X928.7-49

中国版本图书馆 CIP 数据核字（2013）第 006223 号

| | | |
|---|---|---|
| **出 版 人** | 王新程 | |
| **责任编辑** | 俞光旭 | |
| **责任校对** | 唐丽虹 | |
| **装帧设计** | 金 喆 | |

**出版发行** 中国环境出版社
（100062 北京市东城区广渠门内大街 16 号）
网　　　址：http://www.cesp.com.cn
电子邮箱：bjgl@cesp.com.cn
联系电话：010-67112765（编辑管理部）
发行热线：010-67125803，010-67113405（传真）
**印　　刷** 北京市联华印刷厂
**经　　销** 各地新华书店
**版　　次** 2013 年 5 月第 1 版
**印　　次** 2016 年 7 月第 5 次印刷
**开　　本** 880×1230 1/32
**印　　张** 5.5
**字　　数** 116 千字
**定　　价** 16.00 元

## 《避险与救助全攻略丛书》
## 编委会

主　　编：陈祖朝

副主编：陈晓林　　周白霞

编　　委：周白霞　　马建云　　王永西

　　　　　陈晓林　　范茂魁　　高卫东

## 《火灾险情预防与救助》

本册主编：周白霞

编　　者：周白霞　　杨　晨　　王吉红

　　安全是人们从事生产生活最基本的需求，也是我们健康幸福最根本的保障。如果没有安全保障我们的生命，一切都将如同无源之水、无本之木，一切都无从谈起。

　　生存于21世纪的人们必须要意识到，当今世界，各种社会和利益矛盾凸显，恐怖主义势力、刑事犯罪抬头，自然灾害、人为事故频繁多发，重大疫情和意外伤害时有发生。据有关资料统计，全世界平均每天发生约68.5万起事故，造成约2 200人死亡。我国是世界上灾害事故多发国家之一，各种灾害事故导致的人员伤亡居高不下。2012年7月21日，首都北京一场大雨就让77人不幸遇难；2012年8月26日，包茂高速公路陕西省延安市境内，一辆卧铺客车与运送甲醇货运车辆追尾，导致客车起火，造成36人死亡，3人受伤；2012年11月23日，山西省晋中市寿阳县一家名为喜羊羊的火锅店发生液化气爆炸燃烧事故，造成14人死亡，47人受伤……

　　灾难的无情和生命的脆弱再一次考问人们，当自然灾害、紧急事故、社会安全事件等不幸降临在你我面前，尤其是在没有救护人员和专家在场的生死攸关的危难时刻，我们该怎样自救互救拯救生命，避免伤亡事故发生呢？

带着这些问题，中国环境出版社特邀了长期在抢险救援及教学科研第一线工作的多位专家学者，编写并出版了这套集家庭突发事件、出行突发事件、火灾险情、非法侵害、自然灾害、公共场所事故为主要内容的"避险与救助全攻略丛书"，丛书的出版发行旨在为广大关注安全、关爱生命的朋友们支招献策。使大家在灾害事故一旦发生时能够机智有效地采取应对措施，让防灾避险、自救互救知识能在意外事故突然来临时成为守护生命的力量。

　　整套丛书从保障人们安全的民生权利入手，针对不同环境、不同场所、不同对象可能遇见的生命安全问题，以通俗简明、图文并茂的直接解说方式，教会每一个人在日常生活、学习、工作、出行和各种公共活动中，一旦突然遇到各种灾害事故时，能及时、正确、有效地紧急处置应对，为自己、家人和朋友构筑起一道抵御各种灾害事故危及生命安全的坚实防线，保护好自己和他人的生命安全。但愿这套丛书能为翻阅它的读者们，打开一扇通往平安路上的大门。

　　借此要特别说明的是：在编写这套丛书的过程中，我们从国内外学者的著作（包括网络文献资料）中汲取了很多营养，并直接或间接地引用了部分研究成果和图片资料，在此我们表示衷心的感谢！

　　祝愿读者们一生平安！

编委会

　　"以人为本，关爱生命"已成为当今社会的主流话题。但是，随着社会的不断发展和人们生产生活方式的改变，伴随的火灾事故确不断上升，造成大量人员伤亡和巨大财产损失。据公安消防部门统计，仅2011年全国发生125 402起火灾，死亡1 106人，受伤572人，直接经济损失18.8亿元。其中"7•22"京珠高速客车自燃火灾导致41人死亡6人受伤，"8•23"广东佛山盛丰陶厂火灾致15人死亡……这些火灾事故给我们的教训是深刻的。从众多的火灾案例来看，火灾事故中造成人员伤亡的最主要原因就是缺乏消防安全知识。火灾发生时惊慌失措，不能采取正确的扑救方法，以致火灾蔓延，损失加大，同时又往往缺乏有效逃生知识和手段而导致惨重伤亡。

　　火灾通常情况下并不是天灾，往往是由人们的错误行为引发的。因此，普及消防安全知识，培养消防安全意识，开展全民消防工作，是防火减灾的重要基础。当我们面对火灾，如果用科学的方法进行处置和自救，就能减少火灾给我们带来的损失和伤害，避免悲剧的发生。编者查阅大量的火灾档案，认真统计分析火灾事故中造成人员伤亡的原因，参考国内外消防专家对火灾应急处置和火场自救的研究成果，结合多年的消防工作经验，编写了本书。本书介绍了我们日常应该掌握的消防安全基础知识，并从家庭、学校、公共娱乐场所、商场（市场）、医院、高层建筑和农村八个火灾事故发生率较高的地方入手，结合最近发生的多起典型火灾案例，对火灾事故应急处置、火场自救逃生方法及预防措施三方面进行了全面、详细的讲解。本书图文并茂，通俗易懂，联系实际，可读性强，是一本非常实用的应急知识科普读物。相信广大读者在阅读本书之后，一定会受到很大启发，在遇到火灾时也能沉着应对，把火灾的伤亡降到最低。本书第一章、第二章由公安消防部队昆明指挥学校王吉红编写，第三章、第八章由公安消防部队昆明指挥学校周白霞编写，第四章、第五章、第六章、第七章由公安消防部队昆明指挥学校杨晨编写。

生命高于一切，只有未雨绸缪，切实增强应急意识，掌握必要的安全知识和自救、互救技能，才能在突发事件到来时赢得生命线上的赛跑。平安就是生命、平安就是效益、平安就是财富、平安就是幸福，愿本书能为您带去一份平安的祝福，让火灾远离我们。

由于编者的学识水平有限，书中有不当之处，敬请读者批评指正。

编　者

# 目录

# 第一章  消防安全基础知识

　　火灾事故是现代社会危害较大，发生较频繁的灾害，我国几乎每年都会发生群死群伤的火灾事故。这些事故给人们的教训是极其深刻的。反思火灾，最主要的是群众缺乏消防安全意识和安全知识。因此，正确认识火灾发生的规律，排查火灾隐患，培养消防安全潜意识，可以最大限度地防止或减少火灾危害。

## 一、火灾

　　火是人类赖以生存和发展的一种自然力。可以说，没有火的使用，就没有人类的进化和发展，也就没有今天的物质文明和精神文明。当然，火和其他物质一样也具有两重性，它给人类带来了文明和幸福，促进了人类文明的不断发展。但是火也给人类带来了巨大的灾难，火一旦失去了控制，超出可控的范围，就会烧掉人类经过辛勤劳动创造的物质财富，甚至夺去许多人的生命和健康，造成难以挽回和不可弥补的损失，正如"水能载舟，亦能覆舟"。据联合国世界火灾统计中心提供的资料介绍，火灾已成为世界各国人民所面临的共同灾难性问题，美国不到 7 年火灾损失翻一番，日本平均 16 年火灾损失翻一番。

火灾能烧掉人类经过辛勤劳动创造的物质财富，使工厂、仓库、城镇、乡村和大量的生产、生活资料化为灰烬。来自公安部的数据显示，1991—2000 年的 10 年间，我国火灾直接财产损失约 11.6 亿元，而 2001—2008 年的 8 年时间里，全国火灾直接财产损失已达 110.6 亿元。无情的大火烧掉了劳动人民用血汗换来的财富，留下的是不尽的思索。

火灾能烧掉大量文物、典籍、古建筑等诸多的稀世瑰宝，毁灭人类历史的文化遗产，造成无法挽回和不可弥补的损失。1994 年，吉林市银都夜总会发生火灾，殃及在同一建筑物内的市博物馆，不仅造成直接财产损失 671 万多元，而且烧毁古文物 32 239 件，世界早期邮票 11 000 枚，无法用金钱计算的馆藏文物 7 000 余件和黑龙江在该馆巡展的 1 具 7 000 多万年以前的恐龙化石被烧毁，将堪称世界级瑰宝、被列入《吉尼斯世界大全》的吉林陨石雨中最大的 1 号陨石（重 1 775 千克）焚为两半。

火灾还涂炭生灵，给人们造成伤亡甚至夺去生命。近几年全球每年发生 600 万～ 700 万起火灾，有 6 万～ 7 万人在火灾中丧命。

## 二、火灾报警

火灾报警，是人们发现起火时，向公安消防队或单位、村镇、街道的领导、群众及附近的企业专职消防队、义务消防队发出火灾信息的一种行动。《消防法》第三十二条明确规定："任何人发现火灾时，都应该立即报警。任何单位、个人都应当无偿为报警提供便利，不得阻拦报警。严禁谎报火警。"所以我们一旦发现火情，要立即报警，报警越早，损失越小。报警前要冷静地观察和了解火势情况，选择恰当的方式报警，防止惊慌失措、语无伦次而耽误时间，甚至出现误报。报警时要牢记以下 8 点：

（1）要牢记火警电话"119"，消防队救火不收费。

（2）接通电话后要沉着冷静，向接警中心讲清失火单位的名称、地址、什么东西着火、火势大小以及着火的范围。同时还要注意听清对方提出的问题，以便正确回答。

（3）把自己的电话号码和姓名告诉对方，以便联系。

（4）打完电话后，要立即到交叉路口等候消防车的到来，以便引导消防车迅速赶到火灾现场。

（5）如果着火地区发生了新的变化，要及时报告消防队，使他们能及时改变灭火战术，取得最佳效果。

（6）迅速组织人员疏通消防车道，清除障碍物，使消防车到火场后能立即进入最佳位置灭火救援。

（7）在没有电话或没有消防队的地方，如农村和边远地区，可采用敲锣、吹哨、喊话等方式向四周报警，动员乡邻来灭火。

（8）现在很多公共建筑的安全疏散通道上都安装了手动火灾自动报警按钮，在这种场所发现火灾，可以用东西击碎手动报警按钮的玻璃或者直接按下报警按钮，启动火灾自动报警系统的警报装置。

报警示例

您好！这里是 119 指挥中心。

我们这里发生火灾了。

请告诉我发生火灾的具体位置。

这里的地址是五华区 XX 路 XX 巷 25 号昆明市 XX 有限公司仓库，就是在 XX 购物中心后面大约 200 米处，公司门口还有个 XX 超市。

仓库里面装的都是些什么东西？着火的是些什么物质？

仓库里面装的全是书和一些木材，现在已经四分之一的面积都烧着了。

里面有没有人员被困？

仓库一共三层，好像看管仓库的大爷和两名工人被困在二楼里出不来了。

请告诉我你的姓名和电话。

我叫韩梅梅，电话 XXXXXXXXXXX。

请保持电话畅通，我们会尽快赶到现场。

## 三、常用的灭火方法

《消防法》第一章第五条明确规定：任何单位和成年人都有参加有组织的灭火工作的义务。根据公安部消防局统计："全国每年发生家庭火灾 5 万余起，死亡 800 余人，占火灾死亡人数的 70％以上。"而绝大部分的家庭火灾都是由一个小火源引发的，如厨房

油锅起火、烟头引燃可燃物、取暖器烤着窗帘等。这些小火灾初起时对生命安全的威胁较小，如果能够及时扑灭初起火灾，防止火势失控，则能极大地减少火灾损失和杜绝人员伤亡。

燃烧必须同时具备 3 个条件：可燃物质、助燃物质和火源。灭火都是为了破坏已经产生的燃烧条件，只要能去掉一个燃烧条件，火即可熄灭。根据这个基本道理，人们在灭火实践中总结出了以下几种基本方法。

### 1. 冷却灭火法

将灭火剂直接喷洒在可燃物上，使可燃物的温度降低到自燃点以下，从而使燃烧停止；用水冷却尚未燃烧的可燃物质防止其达到燃点而着火的预防方法。用

水扑救火灾，其主要作用就是冷却灭火，一般物质起火，都可以用水来冷却灭火。火场上，除用冷却法直接灭火外，还经常用水冷却尚未燃烧的可燃物质，防止其达到燃点而着火；还可用水冷却建筑构件、生产装置或容器等，以防止其受热变形或爆炸。

## 2. 窒息灭火法

可燃物质在没有空气或空气中的含氧量低于 14% 的条件下是不能燃烧的。所谓窒息法就是隔断燃烧物的空气供给。因此，采取适当的措施，阻止空气进入燃烧区，或惰性气体稀释空气中的氧含量，使燃烧物质缺乏或断绝氧气而熄灭，适用于扑救封闭式的空间、生产设

备装置及容器内的火灾。火场上运用窒息法扑救火灾时，可采用石棉被、湿麻袋、湿棉被、沙土、泡沫等不燃或难燃材料覆盖燃烧或封闭孔洞；用水蒸气、惰性气体（如二氧化碳、氮气等）充入燃烧区域；利用建筑物上原有的门以及生产储运设备上的部件来封闭燃烧区，阻止空气进入。此外，在无法采取其他扑救方法而条件又允许的情况下，可采用水淹没（灌注）的方法进行扑救。

## 3. 隔离灭火法

可燃物是燃烧条件中最重要的条件之一，如果把可燃物与引火源或空气隔离开来，那么燃烧反应就会自动中止。如用喷洒灭火剂的方法，把可燃物同空气和热隔离开来、用泡沫灭火剂灭火产生的泡沫覆盖于燃烧液体或固体的表面，在冷却作用的同时，把可燃物

与火焰和空气隔开等，都属于
隔离灭火法。采取隔离灭火的
具体措施很多。例如，将火源
附近的易燃易爆物质转移到
安全地点；关闭设备或管道上
的阀门，阻止可燃气体、液体
流入燃烧区；排出生产装置、
容器内的可燃气体、液体，阻
拦、疏散可燃液体或扩散的可
燃气体；拆除与火源相毗连的
易燃建筑结构，形成阻止火势
蔓延的空间地带等。

4．抑制灭火法

将化学灭火剂喷入燃烧区参与燃烧反应，中止链反应而使燃烧
反应停止。采用这种方法可使用的灭火剂有干粉和卤代烷灭火剂。
灭火时，将足够数量的灭火剂准确地喷射到燃烧区内，使灭火剂阻
断燃烧反应，同时还要采取冷却降温措施，以防复燃。

 专家提示

## 遇到火灾不要怕，牢牢记住"六句话"

报警早，损失小。边报警，边扑救。

先控制，后灭火。先救人，后救物。

防中毒，防窒息。听指挥，莫惊慌。

## 四、常见灭火器材及使用方法

火灾的初起阶段，我们可以利用专用的消防器材和简易的灭火工具进行扑救。常见的建筑灭火设施有灭火毯、灭火器、室内消火栓灭火系统、自动喷水灭火系统。

### （一）灭火毯

灭火毯主要采用难燃性纤维织物经特殊工艺处理后加工而成，能很好地阻止燃烧或隔离燃烧，是扑救初起阶段火灾的灭火器材。

灭火毯的使用方法是在火灾初起阶段，将灭火毯直接覆盖在火源或着火的物体上。使用者也可在火场逃生时将灭火毯披裹在身上并戴上防烟面罩，迅速脱离火场。

### （二）灭火器

#### 1．手提式干粉灭火器

干粉灭火器适宜扑灭油类、可燃气体、电器设备等初起火灾。使用干粉灭火器时，首先将灭火器提至火灾现场，颠倒摇动几次，使干粉松动。然后拔去保险销（卡），一只手握住胶管喷头，另一只手按下压把（或拉起提环），即可使干粉喷出。

**专家提示**

（1）干粉灭火器在喷粉灭火过程中应始终保持直立状态，不能横卧或颠倒使用，否则不能喷粉。

（2）喷射干粉时，应对准火焰根部，左右扫射，防止火焰回窜。

（3）扑救液体火灾时，不要直接冲击液面，防止液体溅出，使火势蔓延。

2. 手提式二氧化碳灭火器

二氧化碳灭火器适宜扑灭精密仪器、电子设备以及 600V 以下的电器初起火灾。二氧化碳灭火器有两种，即手轮式和鸭嘴式。

手轮式：一手握住喷筒把手，另一手撕掉铅封，将手轮按逆时针方向旋转，打开开关，二氧化碳气体即会喷出。

鸭嘴式：一手握住喷筒把手，另一手拔去保险销，将扶把上的鸭嘴压下，即可灭火。

# 灭火器的使用方法

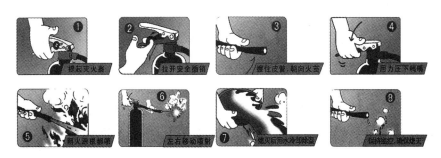

**专家提示**

（1）使用二氧化碳灭火器灭火时，人员应站在上风处。

（2）持喷筒的手应握在胶质喷管处，防止冻伤。

（3）室内使用后，应加强通风，防止人员窒息。

（4）不能把二氧化碳灭火剂喷向人体，造成冻伤。

## （三）室内消火栓灭水系统

实践证明，室内消火栓系统在火灾扑救过程中发挥着非常重要的作用，是扑救建筑火灾的重要消防设施。

室内消火栓灭火系统的操作使用方法是：当有火灾发生时，打开消火栓门，按动火灾报警按钮，由其向消防控制中心发出报警信号或远距离启动消防水泵，然后拉出水带、拿出水枪，将水带一头与消火栓出口接好，另一头与水枪接好，展（甩）开水带，一人握紧水枪或水喉，另一人开启消火栓闸阀，通过水枪产生的射流，将水射向着火点实施灭火。

# 消火栓的使用方法

1. 打开或击碎箱门，取出消防水带

2. 展开消防水带

3. 水带一头接到消防栓接口上

4. 另一头接上消防水枪

5. 另外一人打开消防栓上的水阀开关

6. 对准火源根部，进行灭火

## 温馨提示

## 化学火灾扑救需谨慎

　　危险化学品容易发生火灾、爆炸事故，但不同的化学品在不同情况下发生火灾时，其扑救方法差异很大，若处置不当，不仅不能有效扑灭火灾，反而会使灾情进一步扩大。此外，由于化学品本身及其燃烧产物大多具有较强的毒害性和腐蚀性，极易造成人员中毒、灼伤。因此，扑救化学危险品火灾是一项极其重要又非常危险的工作。

　　扑救危险化学品火灾绝不可盲目行动，应针对每一类化学品，选择正确的灭火剂和灭火方法来安全地控制火灾。化学品火灾的扑救应由专业消防队来进行。其他人员不可盲目行动，待消防队到达后，介绍物料性质，配合扑救。

## 五、防火的基本原理

防止火灾发生的基本措施就是限制燃烧条件互相结合、互相作用。防火的基本原理有：

1．控制可燃物

着火燃烧必然有可燃物参与反应，控制移走可燃物能防止火灾的发生。如用难燃或不燃材料代替易燃或可燃材料；用钢筋混凝土代替木材建造房屋都能使建筑防火性能提高。

2．控制助燃物

如对易燃易爆物质的生产，要在密封设备中进行；对于易形成爆炸性混合物的生产设备要用惰性气体保护。

3．控制或消除点火源

在人们生活、生产中，可燃物和空气是客观存在的，绝大多数可燃物即使暴露在空气中，若没有点火源作用，也是不能着火（爆炸）的。从这个意义上来说，控制和消除点火源是防止火灾发生的关键。

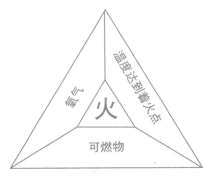

一般来说，实际生活中经常出现的火源大致有以下几种：生活用火、炉火、烟筒烟道、电器设备、高温表面、自燃、静电火花、雷击和其他火源。根据不同情况，控制这些火源的产生和使用范围，采取严密的防范措施，对于防止火灾的发生具有十分重要的意义。

## 六、火场逃生

一旦火灾降临，在浓烟毒气和烈焰包围下，不少人葬身火海，也有人死里逃生幸免于难。"只有绝望的人，没有绝望的处境。"面对滚滚浓烟和熊熊烈焰，只要冷静机智运用火场自救与逃生知识，就有极大可能拯救自己。因此，掌握多一些火场自救的要诀，困境中也许就能获得第二次生命。

### 1.棉被护身法

用浸湿过的棉被(或毛毯、棉大衣)盖在身上，确定逃生路线后，用最快的速度冲到安全区域，但千万不可用塑料雨衣作为保护。

### 2.毛巾捂鼻法

火灾烟气具有温度高、毒性大的特点，人员吸入后很容易引起呼吸系统烫伤或中毒，因此在疏散中应用湿

毛巾捂住口鼻，以起到降温及过滤烟尘的作用。

3．弯腰前进法

由于火灾发生时烟气大多聚集在上
部空间，因此在逃生过程中，应尽量将
身体贴近地面（弯腰）前进。

4．逆风疏散法

应根据火灾发生时的风向来确定疏
散方向，迅速逃到火场上风处躲避火焰
和烟气，同时也可获得更多的逃生时间。

5．绳索自救法

家中有绳索时，可直接将其一端拴
在门、窗楼或重物上，沿另一端爬下，
在此过程中要注意手脚并用（脚成绞状
夹紧绳，双手一上一下交替往下爬），
并尽量用手套、毛巾将手保护好，防止
顺势滑下时脱手或将手磨破。

6．被单拧结法

把床单、被罩、窗帘等撕成条并拧
成麻花状，如果长度不够可将数条床单
等连接在一起，按绳索逃生的方式沿外
墙爬下，但要切实将床单等扎紧扎实，避
免其断裂或结头脱落。

7．管线下滑法

当建筑外墙或阳台边上有落水管、电

线杆、避雷针引线等竖直管线时，可借
助其下滑至地面，同时应注意一次下滑
的人数不宜过多，以防逃生途中因管线
损坏而致人坠落。

8．竹竿插地法

将结实的竹竿、晾衣杆直接从阳台
或窗口斜插到室外地面或下一层平台，
两头固定好以后顺杆滑下。

9．楼梯转移法

当火势自下而上迅速蔓延而将楼梯封死时，住在上部楼层的居
民可通过老虎窗、天窗等迅速爬到屋顶，转移到另一人家或另一单
元的楼梯进行疏散。

10．攀爬避火法

通过攀爬至阳台、窗台的外沿及建
筑周围的脚手架、雨篷等突出物以躲避
火势。

11．搭“桥”过渡法

可在阳台、窗台、屋顶平台处用木板、
竹竿等较坚固的物体搭至相邻单元或相
邻建筑，以此作为跳板转移到相对安全
的区域。

12．毛毯隔火法

将毛毯等织物钉或夹在门上，并不断往上浇水冷却，以防止外
部火焰及烟气侵入，从而达到抵制火势蔓延速度、延长逃生时间的

目的。

13．卫生间避难法

当实在无路可逃时，可利用卫生间进行避难。用毛巾塞紧门缝，把水泼在地下降温，也可躺在放满水的浴缸里躲避。但千万不可钻到床底、阁楼等处避难，因为这些地方可燃物多或容易聚集烟气。

14．火场求救法

发生火灾时，可在窗口、阳台或屋顶处向外大声呼叫，敲击金属物品或投掷软质物品，如白天可挥动鲜艳布条发出求救信号，晚上可挥动手电筒或白布引起救援人员的注意。

15．跳楼求生法

火场上切勿轻易跳楼！在万不得已的情况下，住在低楼层的居民可采取跳楼的方法进行逃生，但首先要根据周围地形选择落差较小的地块作为着地点，然后将席梦思床垫、沙发垫、厚棉被等抛下作缓冲物，并使身体重心尽量放低，做好准、备以后再跳。

## 七、消防安全标识

消防安全标志是由安全色、边框和以图像为主要特征的图形符号及文字构成的标志，用于表达与消防有关的安全信息。我们要多注意观察生活中的这些消防安全标识，掌握这些标识传达给我们的信息，提高消防安全意识，才能更好地保护生命财产安全。

| 紧急出口 | 疏散通道方向 | 滑动开门 A | 滑动开门 B |
| 推开 | 拉开 | 手动启动器 | 发声警报器 |
| 火警电话 | 灭火设备 | 灭火器 | 消防水带 |

地下消火栓

地上消火栓

水泵接合器

消防梯

灭火设备位置

灭火设备位置

禁止用水灭火

禁止放易燃物

禁止吸烟

禁止烟火

禁止带火种

禁止燃放鞭炮

禁止阻塞

禁止锁闭

当心火灾
氧化物

当心火灾
易燃物质

当心爆炸
爆炸性物

击碎板面

消防安全标识

温馨提示

当你处在陌生的环境时，如入住酒店、商场购物、进入娱乐场所时，为了自身安全，务必要观察建筑内的消防标识，留心疏散通道、安全出口及楼梯方位等，以便关键时候能尽快逃离现场。请记住：在安全无事时，一定要居安思危，给自己预留一条逃生通路。

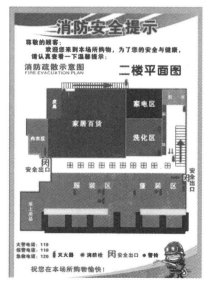

# 第二章　常见家庭火灾

　　家向来都是人们避风的港湾，但火灾却无时无刻不在威胁着家的安全。家庭火灾的发生非常频繁，但是往往人们又容易忽略它。根据我们的统计，70％的火灾都发生在家庭，所以家庭消防安全应该引起我们广大群众的高度关注和重视。家庭火灾不但会影响我们自己的生命财产安全，甚至会牵连到其他家庭，影响范围大。

## 一、油锅起火

　　日常家庭生活，都离不开炒菜做饭时用油。家庭日常食用油品主要分为植物油和动物油，都属于可燃液（固）体，在锅内被加热到450℃左右时，就会发生自燃，立刻窜起数尺高的火焰。如果不懂消防常识，采取错误的灭火方式，就会导致火焰外溅，烧着家具和房屋，造成不应有的损失。

**案例回放**

　　**案例一：**2012 年 2 月 1 日 18 时左右，西安城南长丰园小区的唐女士在家做饭时，油锅突然起火。慌乱之中，她用自来水去浇热油锅，结果火苗直接蹿起来，把她的头发都烧着了。幸亏家人及时赶来，才没造成更大损害。

　　**案例二：**2011 年 2 月 20 日 12 时左右，家住德州陵县陵城镇的老贺在厨房里做饭，像往常一样，打开液化气罐，将油倒进锅中，但是这次老贺却有点"走神"了，逐渐冒出气泡的油锅竟被他忘得一干二净。直到油锅烧干后引起了大火，老贺才意识到"出事了"！但是，此时灭火已经来不及了，大火烧断了液化气罐的软管，火苗"扑哧"从液化气罐中喷出，火势一下子蔓延开来，随即烧着了厨房中的碗橱和柜子，而且浓烟在房间中无法散出去。急得"火烧眉毛"的老贺赶紧拨打了"119"报警，陵县消防中队接到报警后迅速出动两部消防车赶到现场灭火。

　　**案例三：**2012 年 7 月 11 日 12 时左右，北京市朝阳区熊先生夫妇两人在门口烧了一锅油准备炸油条，家里来了熟人，一时忘记煤炉上还放有油锅，导致灶上的油锅突然着火，夫妇两人立即上前扑救，慌乱之下熊先生拎了桶水往上浇，不成想，水刚碰到油锅就发出"砰"的一声爆响，两人均被热浪弹倒在地，腾起的烈焰和喷溅而出的油将两人严重烧伤。

**火灾原因**

油锅起火的主要原因有：

（1）油炸食物时往锅里加油过多，使油面偏高，油液受热后溢出，遇明火燃烧。

（2）油炸食物时加温时间过长，使油温过高引起自燃。

（3）点火锅时，火锅位置放置不当，将可燃物引燃。

（4）在火炉上烧、煨、炖食物时无人看管，浮在汤上的油溢出锅外，遇明火燃烧。

（5）操作方式、方法不对，使油炸物或油喷溅，遇明火燃烧。

（6）油锅起火后处置方法不当，弄翻了锅，弄洒了油。

（7）厨房电线短路打火。

（8）抽油烟罩积油太多，翻炒菜品时，火苗上飘，吸入烟道引起火灾。

**处置对策**

在日常的生活中，我们每个人几乎天天都在与火打交道，一旦发生火灾，尤其是火灾初起阶段，如发现及时，处置方法得当，就能很快将火扑灭。如果厨房油锅突然起火，我们该如何处置呢？

**1. 迅速关闭燃气阀门**

这个是最关键的，任何时候，都要先切断火灾源头。

**2. 巧用身边工具灭火**

湿布：如果家庭厨房油锅起火，初起火势不大，这时可以用湿毛巾、湿抹布等，直接覆盖在油锅上将火苗盖住，这样就能把火"闷死"。

锅盖：当锅里的食油因温度过高着火时，千万不要惊慌失措，更不能用水浇，否则烧着的油就会溅出来，引燃厨房的其他可燃物。这时，应先关闭燃气阀门，然后迅速盖上锅盖，使火熄灭。如果没有锅盖，手边其他东西如洗菜盆等只要能起覆盖作用的都行。

蔬菜：其实蔬菜也是天然的"灭火剂"，将切好的蔬菜迅速倒入锅内同样也能起到灭火作用。

### 3. 使用灭火器灭火

如果你家里备有灭火器，安全保证会更高。其中，家用干粉灭火器适用于油锅、煤油炉、油灯和蜡烛等引起的初起火灾效果非常好。

灭火后应将油锅移离加热炉灶，防止复燃。且在用干粉灭火器扑救油锅火灾时，还应注意喷出的干粉应对着锅壁喷射，不能直接冲击油面，防止将油冲出油锅，造成火灾二次蔓延。

**预防措施**

（1）火锅在使用时，应远离可燃物。

（2）煮、炖各种食品时，应该有人看管，食品不宜过满，沸腾时揭开锅盖，以防外溢。

（3）油炸食品时，油不能放得过满，油锅搁置要平稳，人不能离开。

（4）油炸食品时，要注意防止水滴和杂物掉入油锅，防止食用油溢出着火。

（5）油锅加热时应采用文火，严防火势过猛、油温过高。

（6）烹饪时宜着短袖或合适的长袖，避免烟火燃烧衣物。

（7）烹煮食物时，不要任意离开，离开前须将烟火关闭。

**温馨提示**

家庭厨房内发生初起小火，有很多方法可以将其扑灭。有条件的在厨房内备一袋干粉，或者轻便灭火器材，一旦起火就可以派上用场。如果没有配备灭火器材，就要利用厨房内的现有物品灭火。食盐，就是紧急情况下可以选择的一种家用灭火剂。

食盐，在日常生活中使用相当普遍，它既是不可缺少的调味品，又是一种扑救初起火灾行之有效的灭火剂。食盐的主要成分是氯化钠（NaCl），在高温火源下，可迅速分解为氢氧化钠，通过化学作用，吸收燃烧环节中的自由基，抑制燃烧的进行。当灭火用的食盐数量足够时，被消耗的自由基多于燃烧分解出来的自由基，导致燃烧反应中断，使起火的油锅很快熄灭。

## 二、煤气着火

近几年来，随着人们生活水平的不断提高，煤气以其方便、清洁、经济的特点逐步被广大人民群众所认识、接受并应用，现在正广泛地被应用于家庭，在人们充分享受它的优越性的同时，它的危险性也日益暴露出来了。不少用户思想麻痹或缺乏对液化气残液火灾危险性的认识，使用煤气不当而酿成的火灾爆炸事故屡有发生，给社会和家庭造成了巨大的财产损失，甚至是终生遗憾。

**案例回放**

**案例一：** 2001 年 11 月 22 日 11 时 40 分，北京市门头沟区滨河德露苑小区某住户厨房发生爆燃，波及 12 户，过火面积 150m$^2$，造成 1 人死亡，2 人烧伤，直接财产损失 100 余万元。火灾原因系厨房液化石油气泄漏遇电火花引起爆燃。

**案例二：** 2001 年 4 月 12 日 18 时 55 分，北京市海淀区建设部大院测绘楼宿舍王某家发生火灾，19 户受灾，烧毁冰箱、音响、电视机、家具等物品，直接财产损失 15 余万元，并烧伤3人。火灾原因为：外地民工赵某在给王某家厨房装修刷漆时，使用打火机烧粘在油漆刷子的塑料袋，因液化气泄漏发生爆燃起火致灾。

案例三：2012年7月25日9时48分，广州南沙区黄阁镇小虎北路三巷一处民宅发生煤气泄漏并引起火警，所幸未造成人员伤亡。火灾起因为房主忘记关闭煤气引起煤气泄漏并引发火灾。据参加救援的消防官兵介绍："我们进入厨房后发现，一个煤气瓶正在不断泄漏，并着火燃烧，屋内没有被困人员。如扑救不及时，这个'定时炸弹'一旦爆燃，极有可能将整个民宅毁于一旦，甚至危及附近群众的安全。"

 **火灾原因**

天然气、煤气在使用过程中常见的火灾原因主要有：

（1）输气管、角阀、减压阀、输气管、钢瓶、输气管接口等部件老化松动，密封胶圈脱落或都老化失去弹性，引起气体泄漏。

（2）气瓶残旧老化严重，耐压强度下降，造成煤气泄漏。

（3）搬运过程撞击，运输过程碰撞造成气瓶破裂。

（4）用户擅自倒气过罐或私自倾倒液化气残液引起火灾。

（5）不用减压阀或者使用人工手控减压直接供气。

（6）气瓶横卧，液体未经汽化直接喷出。

（7）输气胶管过长，中间变曲，使用时开关程序颠倒，胶管变曲部位及胶管中积存残留气体在再次点火过程产生轰燃。

（8）灶台用火过程，汤水，溢溅或吹风扑灭灶火引发泄漏。

（9）用火过程中如果人离去，未关闭阀门，烧熔金属器具溶液引燃可燃物或者胶管。

**处置对策**

天然气的灭火主要采用断源灭火措施，就是控制、切断流向火源处的天然气，使燃烧中止。

（1）由于设备不严密而轻微小漏引起的着火，可用湿布、湿麻袋等堵住着火处灭火。火熄灭后，再按有关规定补好漏处。

（2）直径小于 100mm 的管道着火时，可直接关闭阀门，切断煤气灭火。

（3）直径大于 100mm 的管道着火时，切记不能突然把煤气闸阀关死，以防回火爆炸。

（4）煤气设备烧红时，不能用水骤然冷却，以防管道和设备急剧收缩造成变形和断裂。

（5）煤气设备附近着火，使煤气设备温度升高，在未引起煤气着火和设备烧坏时，可正常供气生产，但必须采取措施将火源隔开并及时熄灭。当煤气设备温度不高时，可用水冷却设备。

（6）煤气着火扑灭后，可能房间还存有大量煤气，要防止煤气中毒。

（7）灭火后，要切断煤气来源，吹净残余煤气，查清事故原因，消除事故隐患。

## 预防措施

（1）使用煤气设备要注意检验期限，并附有检验合格标。购买专用软管和与其匹配的软管卡扣、减压阀等。

（2）软管与硬管及燃器具的连接处一定要使用专用的卡扣进行固定，不应该随便使用铁丝进行缠绕固定或没有任何的固定措施。

（3）软管不宜太长，不宜拖地，一般为 1m 左右，并且整根软管铺设后不能有受挤压的地方。定期检查和更换软管，防止软管受到意外挤压、摩擦和热辐射而老化破损。

（4）液化气钢瓶使用时应注意，要直立使用钢瓶，且避免受猛烈震动，不能在阳光下暴晒，不能用开水泡，更不能用火烧；钢瓶上不可放置物品，以免引燃。

（5）气瓶内的残液不准随意乱倒，绝对不允许私自用两个钢瓶互相倒气，否则会造成严重事故。

（6）使用液化气时，要有人看管，不可远离，随时注意调节火力大小，防止汤水外溢浇灭火焰或被风吹灭火焰，引起液化气泄漏露而发生火灾爆炸事故。

（7）厨房内严禁液化气同电饭煲、电磁灶、酒精炉、煤炉等混杂使用，明火不宜距液化气灶太近。

（8）当发生液化气泄漏时，千万不要进行下列行为：开关电灯、打电话、拖拉金属等器具及脱衣服，更不能抽烟点火。

### 温馨提示

## 怎样知道煤气外泄？

（1）嗅觉——家用煤气中掺有臭剂，漏出时会有臭味。

（2）视觉——煤气外泄，会造成空气中形成雾状白烟。

（3）听觉——会有"嘶嘶"的声音。

（4）触觉——手接近外泄的漏洞，会有凉凉的感觉。

### 专家提示

　　液化石油气主要成分是丙烷、丙烯、丁烷、丁烯，它们燃烧值高，比空气重，挥发性强，一旦发生泄漏，液态迅速挥发成气体，以原气体 250 ~ 350 倍的体积向空气中扩散，1L 液体可形成 12.5m³ 的爆炸气体，由于它比空气重，泄漏后向低处流动、积聚。当空气中液化石油气与空气混合浓度达到 1.7% ~ 10% 时，电火花、撞击产生火花、摩擦产生的火花、静电火花都可以引起燃烧爆炸。

　　液化石油气膨胀系数为水的 16 倍，当温度从 20℃升到 60℃时，其体积大约增加 15%，液化石油气储存钢瓶不能靠近热源，不能在露天日晒，使用过程不能用热水加温，一旦受热气体膨胀，增加罐体压力会引起爆炸。

## 三、电视机着火

　　自电视机问世以来，国内外发生的电视机起火爆炸事故屡有发生。电视机起火的原因繁多，有些是因为电视机本身的质量而引起的起火，而有些则是由于人们在使用电视机的时候没有按照正确的方法使用而引起的。

**案例一：**2012 年 10 月 25 日 18 时左右，台湾苗栗县余先生一家人在家里客厅看电视时，才买了几年的电视，突然冒出黑烟，吓得他们赶紧拿灭火器喷电视，但没想到电视机还是起火燃烧，把整间房子的二层、三层都烧毁，损失 50 多万新台币。

**案例二：**2009 年 11 月 25 日 20 时左右，太原市滨河东路某学校霍老师在宿舍打开电视后离开，突然传来一声爆炸声，14 英寸的电视机冒起了黑烟，房间内燃起了大火，霍老师吓得急忙关上总电源。所幸邻居赶来帮忙扑火，这场意外没有造成人员伤亡。

## 火灾原因

电视机引起火灾的主要原因有：

（1）散热不良。电视机通电后，机内的电子元件会产生一定的热量，这些热量通过电视机外壳的散热孔向外散发，若把电视机放置在不利于散热的电视柜或不通风的地方收看，热量便会在机内积蓄。如长时间收看，电子元件就有可能因过热被烧坏，或因湿度大、积聚的灰尘多，而使其绝缘性能降低，以致发生放电打火或击穿短路等故障，使电子元件损坏，冒烟起火。

（2）电压不稳。电视机电源电压一般在 190 ～ 230V 范围内可正常工作，电压过高会使电源变压器"体温"迅速升高，在高温作用下线圈绝缘漆层会损坏，从而造成短路起火；电压过低，电源变压器处于超负荷工作状态，也会导致上述结果。

（3）未断电源。有些电视机的电源开关设计在电源变压器的副边，当关上电视机后，变压器原边仍然通电，只有拔下插头才能完全断电。遇上这种电视机，如果关机后不拔下插头，电流会使电源变压器继续升温，时间一长，温度将会达到 100℃以上，电源变压器的线圈和绝缘层便会因短路或炭化而起火。

（4）高压放电。电视机内有 10kV 左右的高电压，最容易起火的部位是高压部分的高压包、高压线和高压硅堆，如果这些元件质量有问题，就可能发生高压放电现象，放电时产生的电弧或电火花温度极高，能使机内的塑料紧固件、导线和线路板等起火。

（5）遭受雷击。室外架设的电视天线，如果没有安装良好的避雷装置，遇到雷雨天气容易将雷电流导入电视机内。雷电压高达 1.25 亿 V，产生的温度极高，不仅能使电视机起火，还有可能使显像管爆炸，严重危及人身安全。

（6）人们的疏忽大意也是造成电视机起火爆炸的原因。如有的人在天气寒冷时把花盆端进室内，放在电视机上，因浇水过多，水渗漏到电视机内引起燃烧；有的家庭把电视机放在窗口，遇到刮风下雨使机内元件受损，酿成火灾；还有的人在有易燃易爆气体的房间里收看电视，引起爆燃。

### 处置对策

（1）立即关机，拔下电源插头或拉下总闸，如只是电器打火冒烟，断电后，火即自行熄灭。

（2）如果是导线绝缘体和电器外壳等可燃材料着火时，可用湿棉被等物体将电视机严严实实地包裹起来，这样电视机内的火焰就会因没有空气而熄灭。

（3）如果家中配有干粉灭火器或者二氧化碳灭火器，可用灭火器进行扑救。

（4）在没有切断电源的情况下，切不可直接泼水或泡沫灭火剂灭火，以防止扑救人员有触电或荧光屏、显像管突然受冷爆炸伤人。

（5）在电视机起火后，火势很旺，并蔓延到家具及周围易燃物，窒息灭火法无效时，也可以用水迅速扑救，以保证其他物资不受损失。但应注意，用水灭火时，人要站在电视机侧面或后面，不要站在屏幕的正面，以防止显像管爆炸时伤人。

### 预防措施

（1）电视机要放在通风良好的地方，不要放在柜子中。如果要放在柜子中，其柜子上应多开些孔洞，以利通风散热。

（2）电视机不要靠近火炉、暖气管。连续收看时间不宜过长，一般连续收看 4 ～ 5 小时后应关机一段时间。

（3）电源电压要正常，看完电视后，要切断电源。电视机在使用过程中，要防止液体进入电视机。

（4）电视机应放在干燥处，在多雨季节，应注意电视机防潮，电视机若长期不用，要每隔一段时间使用几小时，使电视电路保持干燥。

（5）勿让电视机"带病"工作。发现异味，视屏图像突然消失，或者有雪花亮点闪烁或者视屏发出耀眼的白炽光等状况，应立即关机，送专业维修部门检查。

（6）电视机收看一段时间后，如积尘太多需清除，应拔下插头，打开机盖，用吸尘器或软毛刷清除灰尘。

（7）室外天线或共用天线要有防雷设施。避雷器要有良好的接地，雷雨天尽量不用室外天线。

### 温馨提示

## 什么样的电视机比较容易发生自燃或爆炸？

### 1. 超过使用年限的电视机

目前规定的电视机的使用年限是 8 年，随着家用电视机使用期限的临近，其安全系数会不断降低。如果用户不注意维护，这种"超龄服役"的电视机极易发生自燃或爆炸等事故。

### 2. 改装的电视机

据了解，95％的二手改装电视机都是用旧显像管和新电路板拼装的，而且就算电路板是新的，也往往是将小屏幕电视机的电路板改动一下用到大屏幕电视机上。所以，这类电视机寿命短暂而且存在安全隐患。

## 四、洗衣机着火

洗衣机经常和水打交道，许多人甚至觉得洗衣机再怎么使用也不会起火。不过，就近年来频发的洗衣机高危事件来看，如果不小心使用，也会引发火灾，酿成大祸。

**案例回放**

**案例一：**2012年6月29日8时左右，太原市的李女士被一阵浓烟熏醒。"我家的洗衣机用了7年了，之前只是出现过一些小故障，没想到这次竟然会自燃。要不是发现得早，整栋楼都有被烧毁的危险，太吓人了。"李女士后怕地说。据报道，李女士家中阳台上的一台全自动洗衣机外壳已经被烧得变了形，机箱旁边一片漆黑，机盖上方被烧穿一个大洞，进水管也被烧化了一截，靠近洗衣机的物品也被殃及。

**案例二：**2012年3月25日13时左右，延吉市一处居民楼突然起火，一对夫妇被困阳台。消防部门介绍，起火的洗衣机是一台老式滚筒洗衣机，初步怀疑是由于洗衣机电线引起火灾。户主说："这台洗衣机已经用了好多年，插头一直没拔下来，可能这是导致电线起火的原因。"

案例三：2011 年 11 月 20 日 10 时左右，厦门市祖先生闻到家里有一股怪味，"像塑料烧焦的味道，很臭！"他随即发现阳台上正在工作的洗衣机冒出白烟。"着火了！"祖太太大喊，祖先生赶紧跑向阳台，立即拔下电源插头，打开盖板，发现洗衣机滚筒里的烟雾越来越大，从白烟变成了黑色浓烟。祖先生与太太赶紧用水把火苗扑灭，打开上盖后发现洗衣机内部仍在燃烧，灭火后发现洗衣机的内部线路、上盖已全部烧毁。

 **火灾原因**

洗衣机引起火灾的主要原因有：

（1）电机线因绝缘损坏

电机是洗衣机最主要的部件，当电机线圈受潮、绝缘电阻降低时，会发生漏电，轻则人在洗衣服时感到麻手，重则会使线圈冒烟起火。当衣服加得太多，负荷加大或波轮被卡住，电机停转时，线圈电流增大，就会发热引起火灾。当电源电压低于 190V 时，线圈电流会增大，导致线圈发热，引起火灾。

（2）电线接触不良

洗衣机内导线接头多，若接触不良，接触电阻过大，就会发生放热、打火现象。

（3）电容器爆燃

由于质量低劣或受潮绝缘性能降低，漏电流逐渐增大，电容器会发生爆燃。

（4）电气元件损坏

定时器、选择开关的触头长期通断，弹簧片疲劳，易失灵，致使不能断电，使洗衣机长时间工作，发生事故。

## 处置对策

（1）发现洗衣机短路起火，应立即关闭洗衣机电源开关或拔掉插座，切断电源。且开关断电时，要使用绝缘工具，因为处于火灾区的电器设备因受潮或烟熏，绝缘能力降低，容易触电。

（2）若外部电路也在燃烧，则必须拉断总开关，切断总电源，防止灭火时触电。

（3）如果不能迅速断电，可使用二氧化碳或干粉灭火器等器材进行灭火。使用时，必须保持足够的安全距离（对 10kV 及以下的设备，该距离不应小于 40cm）。

（4）无法判断是否断电的情况下，不能直接用水冲浇。因为水有导电性，进入带电设备后易引触电，会降低设备绝缘性能，甚至引起设备爆炸，危及人身安全。

（5）无法判断是否断电的情况下，不能直接使用泡沫灭火器，泡沫灭火剂中含有大量的水分，会使手持灭火器的人员触电。

（6）确认切断电源后方可用常规的方法灭火，可用棉被、毛毯等不透气的物品将着火处包裹起来，隔绝空气，让其窒息而熄灭。

（7）没有灭火器时，确认已经断电的情况下可用水浇灭。可把水喷成雾状灭火，水雾面积大，水珠小，易吸热使之汽化，能迅速降低火焰温度。

（8）若火势不大，也可使用扫帚、拖把、衣物等作为打火的工具，向火焰根部拍打。

（9）火焰熄灭后应对其继续降温，防止复燃。

（10）灭火后应注意防毒气。由于洗衣机中含有塑料、橡胶等材料，燃烧时散发大量烟雾和有毒气体。灭火后应注意开窗通风，防止窒息或中毒。

## 预防措施

（1）经常检查洗衣机电线的绝缘层是否完好，如果已经磨破、老化或有裂纹，要及时更换。经常检查洗衣机是否漏水，发现漏水应停止使用，尽快修理。

（2）接好地线。把洗衣机地线接在地下金属材料上，若发生漏电现象，漏电流会引入地下，并降低机壳对地电压。安装漏电保护装置，漏电流大时，会自动断电，保护人身安全。

（3）洗衣前，应检查衣服口袋，是否有钥匙、小刀、硬币等物品，这些硬东西不要进入洗衣机内。

（4）每次所洗衣物的量不要超过洗衣机的额定容量，否则由于负荷过重可能损坏电机。

（5）严禁把汽油等易燃液体擦过的衣服立即放入洗衣机内洗涤。更不能为除去油污给洗衣机内倒汽油。

（6）接通电源后，如果电机不转，应立即断电，排除故障后再用。如果定时器、选择开关接触不良，应停止使用。

（7）电源电压不能太低或太高。若电源电压波动超过10％，即低于198V或高于242V时，应停止使用。使用结束后，必须将电源插头拔下，以免使洗衣机长期处于待机状态。

（8）请不要将 50℃ 以上的热水直接倒入洗衣机内，以免洗衣桶和防水密封圈老化变形。

## 五、电冰箱着火

　　没有发明冰箱以前，我们一直在为食品存放时间一久就会变得不再新鲜甚至腐败而烦恼。1910 年世界上第一台压缩式制冷的家用冰箱在美国问世，一年后冰箱便广泛进入我们的家庭，让广大消费者不再为食物腐败而发愁。现在冰箱对于一个家庭来说已经是不可缺少的家用电器。但是近年来许多冰箱起火的事故让我们痛心。如何正确使用电冰箱，避免冰箱起火，也是我们生活中应该关注的问题。

**案例回放**

　　**案例一：**2011 年 10 月 9 日 20 时 33 分，山西省太原市康宁街一小区，冰箱维修人员在修理过程中，冰箱背后突然冒出火苗，户主立即拔掉电源，用湿毛巾和湿棉垫灭火。消防人员匆匆赶到现场时，只见地面上全是水，冰箱背后有燃烧过的痕迹。户主称，这台冰箱用了四五年，因为不制冷就叫维修人员来修，就在维修过程中，冰箱后面突然冒起火苗，他赶紧拔掉了电源，然后又用湿毛巾灭火，结果没有效果，于是赶紧用湿棉垫将火苗盖住才算控制了火势，把火给灭了。

案例二：2007 年 10 月 11 日 17 时 40 分，湖北省荆门市东宝区刘先生出门接孩子时，冰箱并无异常，回家后却发现冰箱已经烧焦，并将厨房内的热水器、微波炉、厨具等设备一同烧坏，直接损失 3 万余元。据刘先生介绍，这台冰箱是 1999 年 8 月刘先生在荆门城区某家电超市购买的一款冰箱，安放在厨房里，平时一直使用正常，等接孩子回到家时才发现厨房里冰箱等物已经烧毁。

案例三：2012 年 9 月 18 日凌晨 3 时左右，上海市长宁区长宁路的一个小区内突然发生火灾，肇事元凶为刚买一年多的电冰箱。发生火情后，屋内租客惊慌失措，穿着睡衣裤逃出，幸得左邻右舍相助，火势被控制。火被扑灭后，消防队员进屋查探，发现起火源为厨房内的一台冰箱。去年刚装修过的房屋经此一劫已面目全非，厨房里漆黑一片，橱柜全被烧毁，客厅的天花板被熏得漆黑。肇事元凶电冰箱早已变成炭黑，经查，是压缩机旁的电线起火所致。

 **火灾原因**

电冰箱起火或爆炸的主要原因有：

（1）接水盘较小，化霜时水从接水盘溢出流入电气开关漏电打火，引起内壁塑料燃烧。

（2）冰箱内存放易燃易爆化学危险物品，有些需要低温保存的危险物品。如乙醚放在冰箱里有挥发气体，达到爆炸浓度，在电冰箱启动运作过程电气元件产生的火花就能引发爆炸。

（3）冰箱放置的环境中有易燃易爆气体泄漏已达到爆炸浓度，如液化石油气、装修用稀释剂气体，在遇到电冰箱启动过程由电器元件产生的，电火花也能引发爆炸。

（4）冰箱内导线接头多，若接触不良，接触电阻过大，导线接头处就会发生放热、打火现象。

（5）因为冰箱需要不间断地工作，背面散热器周围如果堆放杂物，则会导致散热不良，热量聚集，引起杂物自燃，发生事故。

## 处置对策

（1）发现电冰箱短路起火，应立即关闭电冰箱电源开关或拔掉插座，切断电源。且开关断电时，要使用绝缘工具，因为处于火灾区的电器设备因受潮或烟熏，绝缘能力降低，容易触电。

（2）若外部电路也在燃烧，则必须拉断总开关，切断总电源，防止灭火时触电。

（3）如果不能迅速断电，可使用二氧化碳或干粉灭火器等器材进行灭火。使用时，必须保持足够的安全距离（对 10 kV 及以下的设备，该距离不应小于 40 cm）。

（4）无法判断是否断电的情况下，不能直接用水冲浇。因为水有导电性，进入带电设备后易引触电，会降低设备绝缘性能，甚至引起设备爆炸，危及人身安全。

（5）无法判断是否断电的情况下，不能直接使用泡沫灭火器，泡沫灭火剂中含有大量的水分，会使手持灭火器的人员触电。

（6）确认切断电源后方可用常规的方法灭火，可用棉被、毛毯等不透气的物品将着火处包裹起来，隔绝空气，使其熄灭。

（7）没有灭火器时，确认已经断电的情况下可用水浇灭。可把水喷成雾状灭火，水雾面积大，水珠小，易吸热使之汽化，能迅速降低火焰温度。

（8）若火势不大，也可使用扫帚、拖把、衣物等作为打火的工具，向火焰根部拍打。

（9）火焰熄灭后应对其继续降温，防止复燃。

（10）灭火后应注意防毒气。由于电冰箱中含有塑料、橡胶等材料，燃烧时散发大量的烟雾和有毒气体。灭火后应注意开窗通风，防止窒息或中毒。

### 预防措施

（1）启用新买来的电冰箱时，要抽掉电冰箱下面的包装材料，如发泡塑料、纸板等。如要放，一定要把温度控制器改装到外面。

（2）电源线插头与插座间的连接要紧密，接地线的安装要符合要求，切勿将接地线接在煤气管道上。

（3）防止电冰箱的电源线与压缩机、冷凝器接触。

（4）保证电冰箱后部干燥透风，切勿在电冰箱后面塞放可燃物。

（5）不要用水冲刷电冰箱，防止温控电气开关进水受潮。

（6）电冰箱工作时，不要连续地堵截和接通电源，电冰箱断电后，至少要过5分钟才可重新启动。

（7）不要在电冰箱内储存乙醚等低沸点化学危险物品。

## 六、空调着火

空气调节器简称空调器，是用于调节室内气温的，它是人类社会物质文明的又一象征。我国近年来生产空调器的事故越来越多。因此，我们了解并掌握一些空调器的火灾危险性及防火措施，是大有必要的。

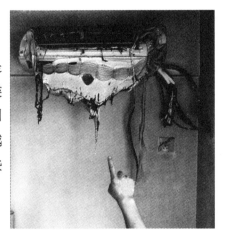

**案例回放**

案例一：2010年8月12日10时左右，重庆市渝中区临江门一居民家空调外机起火。所幸火势并不大，消防官兵赶到后及时将其扑灭。经勘察，起火的是该大楼24层7号住户家窗外的空调外机。好在发现及时，消防官兵采用灭火工具将其扑灭，并未造成其他损失。

案例二：2010 年 2 月 27 日凌晨 12 时 30 分，位于连云港市新浦区海昌路与青年路交叉口附近一栋住宅楼一层突然起火，经过消防官兵近 20 分钟的紧张扑救，大火被成功扑灭，未造成人员伤亡，但是起火客厅内的空调和橱柜等物品已被烧毁。据该户主吴先生介绍，起火时自己和家人正在睡觉，突然被屋内传出的"噼里啪啦"的爆炸声惊醒，他急忙穿好衣服起床查看，原来是客厅的空调着火了，并将空调的电源线和旁边的窗帘引燃。

案例三：2012 年 7 月 15 日 20 时左右，北京昌平区天通苑一居民楼的外挂空调机突然起火，住在对面楼的居民发现后立即大声呼喊，引起起火处居民注意。户主和附近居民听到呼喊后一同前往扑救，10 分钟后，火被扑灭，幸未造成人员伤亡。

 **火灾原因**

空调机起火的主要原因有：

（1）空调器在断电后瞬间通电，此时压缩机内部气压很大，使电动机启动困难，产生大电流引起电路起火。

（2）电热冷暖型空调器制热时突然停机或停电，电热丝与风扇电机同时切断或风扇发生故障，电热元件余热聚积，使周围温度上升，引发火灾。

（3）电容器发热、受潮，漏电流增大，绝缘性能降低，导致发生击穿故障，再引燃机内垫衬的可燃材料造成起火。

（4）轴流或离心风扇因机械故障被卡住，风扇因故障停转，使热量积聚，导致过热短路起火。

（5）安装不当、电线接头处理不当、接触电阻大或穿过孔洞导线绝缘破损、穿插墙孔洞内积水引起的电线短路；安装时将空调器直接接入没有保险装置的电源电路。

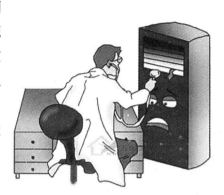

（6）控制面板密封不严，壁虎等爬进控制板引起线路板短路。

（7）可燃物太靠近空调机，空调吹出的热风导致可燃物温度上升，导致自燃。

## 处置对策

（1）发现空调机短路起火，应立即关闭空调机电源开关或拔掉插座，切断电源。且对开关断电时，要使用绝缘工具，因为处于火灾区的电器设备因受潮或烟熏，绝缘能力降低，容易触电。

（2）若外部电路也在燃烧，则必须拉断总开关，切断总电源，防止灭火时触电。

（3）如果不能迅速断电，可使用二氧化碳或干粉灭火器等器材进行灭火。使用时，必须保持足够的安全距离（对 10kV 及以下的设备，该距离不应小于 40cm）。

（4）无法判断是否断电的情况下，不能直接用水冲浇。因为水有导电性，进入带电设备后易引触电，会降低设备绝缘性能，甚至引起设备爆炸，危及人身安全。

（5）无法判断是否断电的情况下，不能直接使用泡沫灭火器，泡沫灭火剂中含有大量的水分，会使手持灭火器的人员触电。

（6）确认切断电源后方可用常规的方法灭火，可用棉被、毛毯等不透气的物品将着火处包裹起来，隔绝空气，使其熄灭。

（7）没有灭火器时，确认已经断电的情况下可用水浇灭。可把水喷成雾状灭火，水雾面积大，水珠小，易吸热使之汽化，能迅速降低火焰温度。

（8）若火势不大，也可使用扫帚、拖把、衣物等作为打火的工具，向火焰根部拍打。

（9）火焰熄灭后应对其继续降温，防止复燃。

（10）灭火后应注意防毒气。由于空调机中含有塑料、橡胶等材料，燃烧时散发大量烟雾和有毒气体。灭火后应注意开窗通风，防止窒息或中毒。

## 预防措施

（1）选购空调机要注意质量，尤其是电容器质量。

（2）空调器开机前，应查看有无螺丝松动、风扇移位及其他异物，及时排除防止意外。

（3）空调器应安装保护装置，万一发生故障，熔断器断开切断电源。

（4）空调机安装应严格执行电器施工安装规范，线路穿过墙体孔洞部分不允许有接头；穿墙孔洞靠外墙一侧孔洞口应比靠内墙一侧孔洞口低，防止雨水积存及雨水顺导线流入室内机。

（5）空调器必须采用接地或接零保护，对全封闭压缩机的密封接线座应经过耐压和绝缘试验，防止其引起外溢的冷油起火。

（6）空调机控制面板应密封，检修完毕应检查是否有小动物进入机内，并及时盖好。

（7）使用空调器时，应严格按照空调器使用要求操作。

（8）空调机运转时发出不规则的"嗡嗡"声，或者制冷效果不好时应请专业维修机构进行检查。

（9）空调机制热时，如风扇电机停转，要及时切断电源。

（10）空调器周围不得堆放易燃物品，窗帘不能搭在窗式空调器上。

（11）空调器应当在用户的严密监视下运行，人离去时，应关闸断电，不要在长时间无人的情况下使用。

（12）空调器应定期保养，定时清洗冷凝器、蒸发器、过滤网、换热器，擦除灰尘，防止散热器堵塞，避免火灾隐患。

## 七、电热毯引火

目前在市场上热卖的电热毯以其耗电量小、温度适宜、方便等特点，博得不少家庭的厚爱。但电热毯如不能正确使用，或产

品不合格，可能引发火灾。

　　**案例一**：2011 年 1 月 5 日 20 时左右，河南省洛阳市一民房二楼起火。事后查明，火灾原因是连续使用 70 多个小时的电热毯所致。现场邻居介绍，房主张某元旦刚结婚，夫妻俩外出度蜜月已经快 3 天了，走的时候电热毯插座忘记拔掉了。消防官兵到场后立即将明火扑灭。

　　**案例二**：2012 年 3 月 2 日凌晨 2 时左右，家住湖北省宜昌市艾家嘴的余先生就遇到了电热毯起火，万幸的是他触电后就迅速从睡梦中醒来，并及时拔掉了电热毯插头。在余先生住处看到，漏电起火的电热毯正摆放在桌子上，电热毯的上部有一个直径近 3cm 的小洞，而旁边堆放着一张被褥，被褥上有一个碗口大小、被火烧过的洞。

　　**案例三**：2012 年 2 月 22 日 9 时 40 分，湖南省湘潭市湘钢寸木塘张某家，因为电热毯线路老化起火。在老人卧室，只见床上电热毯的开关线已经被烧断放在一旁，枕头、垫被、羽绒垫，包括床垫，都被烧出一个黑色的大洞，经济损失达 2 000 多元。"我就是坐在房间里看电视，后来闻到气味不对，就去厨房浴室看，都没发现"老人无奈地说，"后来直到床上冒烟了才晓得。"

**火灾原因**

　　（1）质量低劣的电热毯往往达不到安全标准，是引发火灾的罪魁祸首。

（2）电热毯经常在固定位置折叠，造成电热丝断裂，发生火花，引燃电热毯的面罩起火。

（3）电热毯折叠使用，会造成散热不良，温度过高引起燃烧。

（4）电热毯的电热丝与电源线的接头接触不良，松动打火。

（5）长时间使用未切断电热毯的电源，使电热毯长时间通电，加上被褥等可燃物覆盖，热量积聚，温度升高起火。

（6）小孩和一些生活不能自理的老人，常常大小便失禁，潮湿的电热毯易引起短路，引起火灾。

## 处置对策

（1）应立即关闭电热毯电源开关或拔掉插座，切断电源。

（2）若外部电路也在燃烧，则必须拉断总开关，切断总电源，防止灭火时触电。

（3）如果不能迅速断电，可使用二氧化碳或干粉灭火器等器材进行灭火。使用时，必须保持足够的安全距离（对 10kV 及以下的设备，该距离不应小于 40cm）。

（4）确认切断电源后方可用常规的方法灭火，可用棉被、毛毯等不透气的物品将着火处包裹起来，隔绝空气，使其熄灭。

（5）没有灭火器时，确认已经断电的情况下可用水浇灭。

（6）电热毯着火会使棉被等物品产生阴燃，要检查棉被的各个角落，且继续降温，防止复燃。

（7）灭火后应注意防毒气。由于电热毯和棉被燃烧时散发大量烟雾和有毒气体。灭火后应注意开窗通风，防止窒息或中毒。

 **预防措施**

（1）使用前，应仔细检查电源插头、毯外电热引线、温度控制器等是否完好正常。通电后，若发现电热毯不热或只是部分发热，说明电热毯可能有故障，应立即拔下电源插头，进行检修。

（2）电热毯适合在硬板床上使用，不宜在席梦思床、钢丝软床和沙发床上使用，因受力后电热线在伸拉或曲折时容易变形或断裂，从而诱发事故。

（3）使用电热毯必须平铺，放置在垫被和床单之间，不要放在棉褥下使用，以防热量传递缓慢，使局部温度过高而烧毁元件。

（4）电热毯绝不可折叠使用，以免热量集中，温升过高，造成局部过热。使用电热毯，不宜每天折叠，这样会影响电热线的抗拉强度和曲折性能，以致造成电热线断裂。

（5）一般电热毯的控制开关具有关闭、预热、保温三挡。就寝前，先将开关拨到预热挡，约半小时后，温度可达 25℃左右。入睡前，要将开关拨到保温挡，如果不需要继续取暖，要将开关拨至关闭挡。使用预热挡，最好不要超过两小时，若长时间使用，容易使电热毯的保险装置损坏。

（6）电热毯通电后，对不能自动控温的电热毯达到适当温度时应立即切断电源。电热毯通电后，如遇临时停电，应断开电路，以防来电时无人看管而酿成事故。

（7）切忌用针或其他尖锐利器刺进电热毯，导致短路引起火灾。

（8）给小孩、老人、病人使用电热毯时要防止小孩尿床、病人小便失禁，或汗水弄湿电热毯，引起电热线短路、被水或尿浸湿的电热毯，应及时晾干，或通电烘干后再使用。

（9）电热毯如有脏污，应将外套拆下清洗，勿将电热丝一同放入水中洗涤。

## 八、电熨斗引火

电熨斗是家庭中不可或缺的小家电，衣服、床单哪里不平烫哪里，应用方便、操作简单。但是，很多人在使用电熨斗的时候，由于麻痹大意，不注意使用禁忌，而造成火灾，给家庭造成经济损失，甚至威胁到了人身安全。

**案例一：**2008 年 12 月 10 日 9 时左右，温岭市消防大队接到报警，温岭东辉小区某室着火，消防官兵们迅速赶到现场救援，经过半个小时的紧急扑救，才将大火扑灭。据房主曹女士告知当天她将洗好晒干的衣服在客厅用熨斗烫了烫，烫完两件衣服后，就把电熨斗竖着放在沙发边上，电源插头没拔就出去买菜了，但没想到发生火灾。在墙角一侧看到电烫斗的电源线还插在线盒上，沙发边的电烫斗主机已经烧成骨架。

**案例二：**2003 年 9 月 10 日 15 时左右，蚌埠市东市区一居民住宅因户主使用电熨斗一时粗心大意而发生火灾，所幸无人员伤亡。据介绍，火灾发生原因主要是该户主在熨烫衣物时，由于有事外出，临行前忘记将电熨斗的插头从插座上拔下，以致电熨斗过热烤燃桌布从而引发火灾，近 2 万元的财产就这样被付之一炬。

## 火灾原因

　　普通型电熨斗主要由金属底板、外壳、发热芯子、压铁、手柄和电源引线等组成。其规格按功率划分为 200 ～ 1 000W 不等。功率越大，产生的温度就越高。一般情况下通电 8 ～ 12 分钟，温度就能升到 200℃。继续通电则可升到 400 ～ 500℃，这样高的温度大大超过了棉麻和木材等可燃物质的燃点。所以，只要电熨斗长时间接触或靠近可燃物，很容易引起火灾。

电熨斗引起火灾的原因通常有：

（1）没有拔下电源插头。一是使用电熨斗时突然遇上停电，没拔下电源插头便离开去干别的事了；二是使用电熨斗烫衣物时，忘记拔下电源插头就干别的事去了。

（2）不懂常识，麻痹大意。有的人直接把砖块或金属块放在木台板上搁放电熨斗，因为没有拔下电源插头，电熨斗长时间通电产生的高温便经由砖块（或金属块）传导到下面的木台板上，从而引起火灾。

（3）电熨斗的余热引起火灾。电熨斗的电热元件也是用热惯性较强的电热材料制成的。电熨斗断电后，在一定的时间内仍有较高的余热，如调温型电熨斗从 210℃ 降温至 130℃ 约需经过半小时，普通型电熨斗从 600℃ 降至 130℃ 约需 76 分钟。

（4）电源线插口受潮或接触松动。电熨斗的电源线为插接式。若插头或插口受潮，会造成漏电、发热、绝缘材料损坏，引起插件和导线燃烧。

### 预防措施

（1）使用电熨斗应克服马马虎虎、粗心大意的思想，不能乱放电熨斗，电熨斗通电后人员不得离开。

（2）电熨斗未完全冷却不能急于收起，如遇停电应切断电源。

（3）搁放电熨斗的垫板不但要有相当的厚度（用非易燃材料），而且应远离所有的可燃物，因为实验证明 4cm 红砖受热 140 分钟，砖背面温度可达 420℃；0.8cm 钢板和 1.5cm 石棉板在分别受热 90 分钟、68 分钟后其背面温度可达 280℃，这样的温度已达到一般织物的燃点。

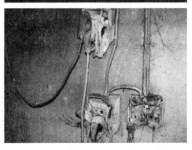

（4）按说明书要求安装、连接，电源电压要符合要求。供电线路和电熨斗引出线要有足够的截面，防止过荷。

## 九、电气线路起火

当前，随着我国人民群众生活水平的不断提高，大量家用电器进入居民家庭，成为我们日常生活中离不开的必需品。然而，随着家用电器的日益增多，生活用电的大量使用，潜在的电气方面的火灾隐患也在不断地上升，发生了许多令人心痛的火灾事故。

**案例回放**

**案例一**：2012 年 8 月 17 日 8 时 30 分，重庆市璧山县大路街道接龙社区一民居突发大火，熊熊大火和浓烟透过窗户不断往外窜，被高温烤化的玻璃碎渣四处喷溅。所幸大火在上午 10 时左右被扑灭，事故没造成人员伤亡。据消防人员勘察，此次火灾因电线老化短路引发火灾，引燃堆积在楼道的物品，导致火势无法控制。

　　**案例二**：2012 年 7 月 22 日 9 时 40 分，惠州市区水门路一电线忽然冒烟起火，及时被群众扑灭，但电线烧毁导致该街道的部分居民楼、商铺停电 4 个多小时。电线一着火就马上被现场市民发现，周边数个店铺店主、店员直接从店中取出灭火器进行灭火，旁边一栋居民楼的居民也从楼中取出灭火器来帮忙，最终得以把火扑灭。

　　**案例三**：2012 年 6 月 12 日，宿松县洲头乡坝头街一家木匠店的王某突然被刺鼻的烟味惊醒，他迅速走出房间查看，发现店堂的后屋内燃起大火。他急忙大声呼救，并拨打"110"报警。辖区洲头派出所接到报警后，迅速组织消防队员驾驶消防车赶至现场，经 3 个多小时的全力扑救，大火终被扑灭。消防民警对火灾原因进行了深入分析，认为造成电线短路起火不仅是电线老化所致，而且与王某家里超负荷用电有关。

 **火灾原因**

电气线路起火的主要原因有：

（1）线路短路。所谓短路就是交流电路的两根导线互相触碰，电流不经过线路中的用电设备，而直接形成回路。由于电线本身的电阻比较小，若仅是通过电线这个回路，电流就会急剧增大，比正常情况下大几十倍、几百倍。这么大的电流通过这么细的导线，由于电阻越大，所产生的热量就越多，会在极短的时间内使导线产生高达数千摄氏度的温度，足以引燃附近的易燃物，造成火灾。而造成线路短路是由于输电线路使用过久，绝缘层老化、破裂，失去绝缘作用，导致两线相碰；或者是由于乱拉乱接电线，使电线的"外套"机械损伤，引起短路。

（2）接触不良。由于电线接头不良，造成线路接触电阻过大而发热起火。凡是电路都有接头，或是电线之间相接，或是电线与开关、保险器或用电器具相接。如果这些接头接得不好，就会阻碍电流在导线中的流动，并产生大量的热。当这些热量足以熔化电线的绝缘层时，绝缘层便会起火，从而引燃附近的可燃物。

（3）线路超负荷。一定材料和一定大小横截面积的电线有一定的安全载流量。如果通过电线的电流超过它的安全载流量，电线就会发热。超过得越多，发热量越大。当热量使电线温度超过250℃时，电线橡胶或塑料绝缘层就会着火燃烧。如果电线"外套"损坏，还会造成短路，火灾的危险性更大。另外，如果选用了不合规格的保险丝，电路的超负载不能及时被发现，隐患就会变成事故。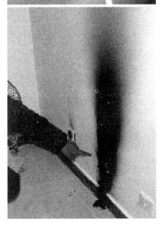

（4）线路漏电。由于电线绝缘或其支架材料的绝缘性能不佳，以致导线与导线或导线与大地之间有微量电流通过。人们常说的走电、跑电就是漏电的一种严重现象。漏电严重时，漏电火花和高温也能成为火灾的火源。

（5）电火花和电弧。电火花是两极间放电的结果；电弧则是由大量密集的电火花构成，温度可达 3 000℃以上。架空裸线遇风吹摆动，或遇树枝拍打，或遇车辆挂刮时，使两线相碰，就会发生放电而产生电火花、电弧。另外，绝缘导线漏电处、导线断裂处、短路点、接地点及导线连接松动均会有电火花、电弧产生。这些电火花、电弧如果落在可燃、易燃物上，就可能引起火灾。

（6）电缆起火。电缆之所以会燃烧，是因为敷设电缆时其保护铅皮受损伤；或是在运行中电缆的绝缘体受到机械破坏，引起电缆芯与电缆芯之间或电缆芯与铅皮之间的绝缘体被击穿而产生电弧，致使电缆的绝缘材料黄麻保护层发生燃烧；或因电缆长时间超负荷使电缆绝缘性能降低甚至丧失绝缘性能，发生绝缘击穿而使电缆燃烧；或是因为三相电力系统中将三芯电缆当成单芯电缆使用，以致产生涡流，使铅皮、铝皮发热，甚至熔化，引起电缆燃烧。

## 处置对策

发生电气火灾时，应尽可能先切断电源，而后再灭火，以防人身触电，切断电源应注意以下几点。

（1）停电时，应按规程所规定的程序进行操作，防止带负荷拉闸。

（2）切断带电线路电源时，切断点应选择在电源侧的支撑物附近，防止导线断落后触及人体或短路。

（3）夜间发生电气火灾，切断电源时，应考虑临时照明措施。

发生电气火灾，如果由于情况危急，为争取灭火时机，或因其他原因不允许和无法及时切断电源时，就要带电灭火。为防止人身触电，应注意以下几点。

（1）扑救人员与带电部分应保持足够的安全距离。

（2）高压电气设备或线路发生接地。在室内，扑救人员不得进入故障点 4m 以内的范围；在室外，扑救人员不得进入故障点 8m 以内的范围；进入上述范围的扑救人员必须穿绝缘靴。

（3）应使用不导电的灭火剂，例如二氧化碳和化学干粉灭火。因泡沫灭火剂导电，在带电灭火时严禁使用。

 **预防措施**

（1）合理安装配电盘。要将配电盘安装在室外安全的地方，配电盘下切勿堆放柴草和衣物等易燃、可燃物品，防止保险丝熔化后炽热的熔珠掉落将物品引燃。保险丝的选用要根据家庭最大用电量，不可随意更换粗保险丝或用铜、铁丝、铝丝代替。有条件的家庭宜安装合格的空气开关或漏电保护装置，当用电量超负荷或发生人员触电等事故时它可以及时触发并切断电流。

（2）正确使用电源线。家用电源线的主线至少应选用 $4mm^2$ 以上的铜芯线、铝皮线或塑料护套线，在干燥的屋子里可以采用一般绝缘导线，而在潮湿的屋子里则要采用有保护层的绝缘导线，对经常移动的电气设备要采用质量好的软线。对于老化严重的电线应及时更换。

（3）合理布置电线。合理、规范布线，既美观又安全，能有效防止短路等现象的发生。如果电线采取明敷时，要防止绝缘层受损，可以选用质量好一点的电线或采用穿阻燃 PVC 塑料管保护；对通过可燃装饰物表面时要穿轻质阻燃套，有吊顶的房间其吊顶内的电线应采用金属管或阻燃 PVC 塑料管保护。

（4）正确使用家用电器。首先是必须认真阅读电器使用说明书，留心其注意事项和维护保养要求。对于空调器、微波炉、电热水器和烘烤箱等家用电器一般不要频繁开关机，使用完毕后不仅要将其本身开关关闭，同时还应将电源插头拔下，有条件的最好安装单独的空气开关。对一些电容

器耐压值不够的家用电器，因发热受潮或就会发生电容被击穿而导致烧毁的现象，如果发现温度异常，应断电检查，排除故障，并宜

在线路中增设稳压装置。

**专家提示**

　　有很多未经改造的老房子、老小区，其室内安装的电线都是暴露在墙体外面，这些暴露在外面的电线，受使用时间过长、用电量过大等因素影响，容易引起电线短路。为避免电线短路而引发火灾的事故发生，建议广大居民对安装在墙体外面的电线要加强安全保护措施；对老化的、被破损的和承受用电负荷不够的电线，要及时更换；特别是存放易燃、易爆物品的住宅、仓库，更要对安装在室内的电线采取安全保护措施，尽量不要将电线安装在墙体外面。气候炎热的夏季，冰箱、空调、电风扇等电器都派上了用场，给输送电源的电线增加了不同程度的负荷，这时，我们就要特别注意用电的安全，防止超负荷用电造成电线短路而引发事故。

## 十、用火不慎引火

　　在家庭中，生活用火必不可少。常见的生活用火主要有使用火炉、灶具、火柴、打火机、蜡烛、蚊香等，这些是家庭中常用的物品，如果使用不当就会酿成火灾。

所以，安全用火是家庭防火最重要的内容之一。

**案例回放**

案例一：2005 年 9 月 22 日 8 时 47 分，位于无锡市滨湖区太湖镇板桥河停靠在边上的一艘水泥船发生火灾。火灾原因是杨某趁其爷爷外出买菜时，将干柴放在船上燃着的煤球炉上玩火而引燃可燃物所致，造成杨某被烧死。

案例二：2005 年 7 月 19 日 16 时 40 分，江阴市澄江镇某小区黄某家中发生火灾，火灾造成黄某父亲烧死在床上，火灾原因为死者吸烟不慎引起。

案例三：2005 年 10 月 3 日 14 时 13 分，位于江阴市月城镇蔡庄村张家庄蔡某家中因蚊香引燃可燃物而发生火灾，造成户主蔡某被烧死。

## ❓ 火灾原因

（1）使用蚊香不当引起火灾。城乡居民夏季用灭蚊器或蚊香，由于蚊香等摆放不当或电蚊香长期处于工作状态，而招致火灾。

（2）使用蜡烛照明引发火灾。停电时和有些居民用蜡烛照明时粗心大意，来电后忘记吹灭蜡烛或点燃的蜡烛过于靠近可燃物，燃烧蔓延成灾。

（3）使用明火取暖引发火灾。有的家

庭冬季使用火炉、火盆、火桶等进行取暖，如果疏忽大意或靠家具太近，经长时间烘烤，极容易烤燃可燃物体造成火灾。

（4）祭祀用火引发火灾。有些家庭在家中通过点蜡烛、烧香、焚纸等方式祭祀，如稍有不慎，极易引发火灾。

（5）吸烟不慎引起火灾。在家中乱扔烟头，致使未熄灭的烟头引燃家中的可燃物；由于酒后或睡觉躺在床上、沙发上吸烟，烟未熄人已入睡，结果烧着被褥、沙发，造成火灾。

（6）小孩玩火引起火灾。儿童缺乏生活经验，不知道火的危险性，常在家中玩弄火柴、打火机、鞭炮等物，极容易造成火灾。且小孩子玩火一般在家长、成年人不在家的时候，一旦起火，由于小孩不懂灭火常识，常常惊慌逃跑，躲进角落等，从而使小火酿成火灾，最终成为悲剧。

## 处置对策

（1）发现火情要果断报警，身处火场更应报警、逃生、灭火结合进行，不能只顾逃生、灭火而忘记报警。

（2）当火灾无法控制时，要果断地从安全途径逃离火场，千万不要因贪恋钱物而错失了逃生良机。

（3）穿越烟雾逃生时，应尽量低身前进，避免烟雾中毒和高温灼伤。

（4）穿越毒烟区逃生时，应使用折叠的湿毛巾捂住口鼻，减少烟气吸入。

（5）如果火势不猛，必须穿越着火带逃生时，可用水浇湿全身，披上浸湿的棉被、毯子自我保护。

（6）当向下逃生的通道被火封锁时，可上行到天台，等待救援。

（7）如果所有通道被火封堵时，可用浸湿的绳索或窗帘、床单接绳后系牢一端，从背火面沿绳滑到安全地带。

（8）火场逃生时，只要强度允许，还可利用建筑物的水管逃生。

（9）当知道门外发生大火时，出门前一定要用手轻摸门把和门面，如果烫手千万不能开门，以防烟火伤人。

（10）当被大火困在房间时，应关好门窗，并用毛巾、床单封堵门窗缝隙，并不断泼水冷却门窗和室内可燃物，阻止烟火进入，争取救援时间。可设法打开背火面的门（窗）逃生或对外求救。

（11）被困火场，应用电话、呼喊、敲打发声、挥舞衣物、打手电筒等方式积极向外发出求救信号，等待救援。

 **预防措施**

（1）点燃蚊香必须注意，一定要把它固定在专用的铁架上，最好把铁架放在瓷盘或金属器皿内。点燃的蚊香，不要靠近窗帘、蚊帐、床单或其他可燃物，要放在不易被人碰到或被风吹到的地方。有易燃液体（汽油、酒精等）和液化石油气的房间，严禁使用蚊香。

（2）停电时，要尽可能使用应急的照明灯具照明；使用油灯、蜡烛照明时，不要将油灯和蜡烛放在可燃物上或靠近可燃物的地方，使用时要有人看管，人走灯灭。

（3）不要拿着点燃的蜡烛到放置易燃易爆危险品的地方、狭窄的地方照明取亮，也不要手持蜡烛到床底下、柜子里找东西。

（4）火炉、火盆和火桶在使用时应当与家具、门窗等保持一定的防火间距，不得在它们周围堆放可燃物；烘烤衣物时，衣物应与火苗保持一定的间距，不能用汽油、煤油、柴油等易燃物作引火物。

（5）不要躺在床上或沙发上吸烟；在丢掉烟头之前是否确定香烟已经熄灭，在上床睡觉前，一定要保证熄灭所有的烟头。

（6）家长要教育小孩不要玩火。火柴、打火机等引火物，不要放在小孩拿得到的地方，大人上班或外出时，不要将小孩单独放在家里，更不应该将其锁在屋内，避免小孩在家玩火，造成火灾伤亡事故。不要叫不懂事的小孩在家烧菜做饭，避免用火不慎，酿成火灾。

（7）管理好家中的可燃、易燃油品，避免油品火灾。家庭使用汽油、煤油等易燃物时，禁止使用塑料容器储存汽油，防止汽油和桶壁摩擦引起静电着火，必须使用特质桶进行储存；油品不能存放在厨房、卧室以及孩子易于拿到的地方，不能与其他易燃物放在一起。

温馨提示

## 人身上衣服着火怎么办？

人身上的衣服着火后，常出现这样的情形：有的人皮肤被火灼痛，于是惊慌失措，撒腿便跑，谁知越跑火烧得越大，结果被火烧伤或烧死；有的人发现自己身上有了火，吓得大喊大叫，胡乱扑打，反而使火越扑越旺，结果也被火烧伤或烧死。根据上述情况说明，人身上衣服着火后，是既不能奔跑，也不能扑打的。那么，人身上衣服着火后应该怎么办呢？正确、有效的处理方法如下。

（1）当人身上穿着几件衣服时，火一下是烧不到皮肤的，应将着火的外衣迅速脱下来。有纽扣的衣服可用双手抓住左右衣襟猛力撕扯将衣服脱下，不能像往日那样一个一个地解纽扣，因为时间来不及。如果穿的是拉链衫，则要迅速拉开拉锁将衣服脱下。

（2）人身上如果穿的是单衣，着火后就有可能被烧伤。当胸前衣服着火时，应迅速趴在地上；背后衣服着火时，应躺在地上；前后衣服都着火时，则应在地上来回滚动，利用身体隔绝空气，覆盖火焰，但在地上滚动的速度不能快，否则火不容易被压灭。

（3）在家里，使用被褥、毯子或麻袋等物灭火，效果既好又及时，只要拉开后遮盖在身上，然后迅速趴在地上，火焰便会立刻熄灭；如果旁边正好有水，也可用水浇灭。

（4）在野外，如果近处有河流、池塘，可迅速跳入浅水中；但若人体已被烧伤，而且创面皮肤上已烧破时，则不宜跳入水中，更不能用灭火器直接往人体上喷射，因为这样做很容易使烧伤创面感染细菌。

# 第三章 校园火灾

学校历来是各级政府和消防机构高度重视的消防安全重点单位。学校实验室多，实验活动多，易燃易爆物品多，用火用电多，供水、供电、供气等基础设施老化破旧的建筑物多，学校人员密集而又相对分散，消防安全宣传教育不够深入和普及，安全管理时有疏漏，导致学校火灾频繁发生。

学校发生火灾时，在校学生由于生理、心理等客观因素，更容易受到危害。近年来学校群死群伤火灾事故也充分证明学生是火灾事故中的弱势群体。加强学校火灾事故的应对与救助，确保学生的人身安全和健康成长，是社会进步与和谐的要求。

## 一、学生宿舍火灾

**案例回放**

案例一：1997年5月23日3时左右，云南省富宁县洞波乡中心学校发生火灾，烧死学生21人，轻伤2人。烧毁宿舍24m²，直接经济损失1.5万元。发生火灾的寄宿班女生宿舍是一间砖木结构平房，面积24m²，宿舍内用木板搭成上、中、下三层通铺。火灾原因是该校学生侯某在挂有蚊帐的床上点蜡烛看书，不慎碰倒蜡烛引燃蚊帐和衣物引起火灾。

案例二：2000年5月10日20时40分，兰州大学体育教研室2楼因楼梯间的沙发着火引起火灾，幸被及时扑灭，未造成更大的损失。经调查，起火原因是有人将未熄灭的烟头扔到沙发上所致。

案例三：2008年11月14日18时10分，上海中山西路2271号上海商学院徐汇校区由于住宿学生使用"热得快"长时间干烧，引燃周围可燃物导致宿舍楼着火。因房内烟火过大，4名学生分别从阳台跳下逃生，当场死亡。

**？ 火灾原因**

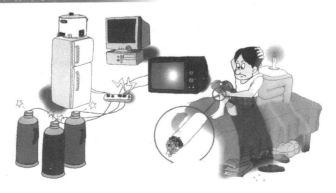

（1）在宿舍内私拉乱接电线，有的学生甚至将电线埋在被褥下面，导致电线发热，造成绝缘层起火。

（2）电器的使用不遵守学校的规定和制度。有的学生在宿舍里违规使用大功率电器造成电路起火。

（3）学校夜间熄灯断电后，有些学生就用火柴、蜡烛等临时照明，随后将火柴梗随手丢弃或将蜡烛置放在可燃物上。

（4）学生焚烧书信杂物。在宿舍或走廊焚烧书信杂物是非常危险的，如果火焰太大失去控制或人离去而火星未熄灭都极易引起火灾，因为宿舍区内有大量的易燃可燃物。

（5）有些学生在宿舍内吸烟，乱弹烟灰，乱扔烟头。有的学生违反规定偷偷吸烟被学校管理人员或老师发现，慌乱中就将烟头塞在抽屉、衣物中或夹在书内，一旦自己被老师叫走或忘记熄灭烟头，烟头就会阴燃引起火灾。

（6）学生大量使用劣质电器产品。学生基本没有经济收入，又缺乏社会经验，往往会购买低价劣质的电器，这种电器在长时间使用后容易导致火灾。

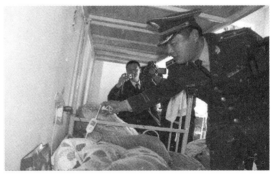

## 处置对策

（1）如果宿舍内火灾处于阴燃或燃烧面积较小时，扑救人员在迅速进入宿舍内疏散救助同学的同时，可以使用灭火器或采取扑打、捂盖窒息的方法灭火。

（2）如果宿舍内充满浓烟高温，火灾处于阴燃状态，扑救人员应该持灭火器在做好灭火准备的前提下，谨慎打开房门，待无轰燃情况发生再进入灭火。

（3）如果宿舍内燃烧面积扩大，在加强防护的前提下，扑救人员应集中水枪、灭火器控制火势，实施内攻近距离灭火。

（4）电器设备起火，首先关闭电源开关，然后用干粉或气体灭火器、湿毛毯等将火扑灭，切不可直接用水扑救。

（5）衣服及织物着火，应迅速拿到室外或卫生间等处用水浇灭，切记不要乱扑乱打，以免引燃其他可燃物。

（6）固定柜子等着火。学生宿舍安放了一些摆放书籍、衣物的柜子，如遇柜子着火，应先用水扑救，如火势得不到控制，则利用消火栓放水扑救，同时迅速移开柜子旁的可燃物。

 **预防措施**

做好学生宿舍防火工作，每个学生都要树立防火意识，认识火灾的危害，自觉遵守学校的消防安全管理规定，自觉做到以下几点。

（1）学生应自觉遵守宿舍安全管理规定，不躺在床上吸烟，不乱扔烟头。

（2）不在宿舍内使用电炉、电热杯、"热得快"、电饭煲等大功率电器，使用充电器、电脑等电器要注意发热部位的散热。

（3）不私拉乱接电线，不使用不合格的电器产品或电气线路。

（4）不在室内点蜡烛看书。人疲乏入睡后，蜡烛容易引燃蚊帐、被褥，引发火灾。

（5）不在宿舍使用煤气炉、酒精炉、液化气炉等明火设施，不在宿舍内焚烧物品。被燃物飘飞到床上，或者被燃物未彻底熄灭时，人离开室内，都容易引起火灾。

（6）不要将台灯靠近枕头、被褥和蚊帐。灯头长时间点燃发热，容易引燃枕头、被褥和蚊帐，造成火灾。

（7）人走要熄灯、关闭电源。室内无人时，应关掉电器和电源开关。

（8）发现不安全隐患及时向管理人员或有关部门报告，爱护消防设施和灭火器材，不随意移动或挪作他用。

## 二、学校图书馆火灾

**案例回放** 2009年9月11日14时左右，保定电力职业技术学院图书馆4楼的微机室发生火灾。经侦察发现火场燃烧物为微机室内堆放在电脑线路附近的纸箱和垃圾，针对现场情况，消防人员迅速分工展开了扑救行动，迅速将火灾扑灭。

**火灾原因**

（1）图书馆内存放图书、报刊、音像资料、光盘资料数量多，存放时间较长，干燥，容易起火。

（2）图书馆书库如存放硝酸纤维的旧电影和一些易燃的录音带，在温度适宜时，发生迅速分解，自燃起火或发生爆炸。

（3）保护图书馆内资料以防虫蛀而进行熏蒸杀虫时，药剂属易燃危险化学品，使用不当容易起火。

（4）图书馆年久失修，电气线路老化，用电负荷猛增，极易引发电气火灾。

（5）馆内消防制度不健全、不完善、消防责任不落实，消防意识淡薄，在图书馆、书库、阅览室等处吸烟、乱扔烟头，易引起火灾。

 **处置对策**

（1）了解掌握起火部位、人员被困、火灾蔓延方向，重要的图书、档案、资料受威胁程度等情况。

（2）迅速组织学生逃生，原则是"先救人，后救物"。

（3）利用建筑内部固定灭火设施堵截火势向储存重要图书、档案、资料的特藏库蔓延。

（4）图书馆初期火灾，采用粉状和气态灭火剂灭火。

（5）图书馆发展阶段火灾，应以喷雾水流灭火为主，粉状和气态灭火剂配合。

（6）图书馆猛烈阶段火灾，应从门、窗同步进攻，用直流水压制大火，然后及时改换喷雾水流消灭残火。

**预防措施**

（1）消防工作规章制度应

纳入图书馆的规章制度体系，要制定专门的图书馆及各部门的消防规章制度。

（2）要健全消防工作组织网络体系，贯彻谁主管谁负责的原则。做到图书馆消防安全有人管。

（3）严格按照国家技术规范要求设置消防设施器材，并应加强对消防设施的日常保养与维护。

（4）为保证火灾时的安全疏散，图书馆内应设置足够的火灾应急照明灯和疏散指示标志，且应安装在醒目位置。

（5）强化电器管理。图书馆内的照明线路及其他电器设备，应严格按规定设置安装，不得随意增加电器设备，以免线路超负荷引起短路导致火灾。

（6）不宜在书库内使用大功率照明设施，书库内不准使用碘钨灯照明。

## 三、学校实验室火灾

**案例回放**

**案例一：**2008 年 11 月 16 日 21 时 35 分，中国农业大学东校区一楼顶实验室起火，4 个消防中队联手将火扑灭，火灾未造成人员伤亡，但整个实验室烧毁。发生火灾的是农大食品学院实验楼，该楼高 4 层，起火的是楼顶搭建的彩钢板结构简易实验室。起火原因为酒精灯内酒精泼洒所致。

**案例回放**

案列二：2009 年 1 月 5 日 11 时 30 分，北京航空航天大学科研南 1 号楼 1 层实验室发生火灾。一名学生说，当时他正在给实验用的蓄电池充电，充电还未结束，蓄电池忽然冒出了火花。他赶紧切断电源，并和同伴找来灭火器试图将火扑灭，但火势蔓延迅速，二人只能跑出实验室。楼内的数十名师生也跑到楼下，打电话报警。辖区消防中队迅速赶到扑救，并在几名学生的指引下，抢救出了很多实验仪器、电脑及资料。此次火灾因蓄电池过热引起，由于疏散及时，没有造成人员伤亡。

**火灾原因**

（1）教学科研过程中进行实验和演示所需的用火、用电或危险化学品，存在很大的火灾隐患。

（2）实验室内贮有一定量的易燃易爆危险化学品，如使用和保管不当，极易引发火灾。

（3）实验中常使用明火进行加热蒸馏、回流等实验操作以及使用电热仪器时用电量过大等都可能出现危险。

**处置对策**

（1）实验室首先要配备相应种类的灭火器材，既包括各类自动报警和自动灭火等消防设施，也包括简易实用的灭火器、灭火毯等工具。

（2）初期火灾，首先应当熄灭附近的所有火源（如酒精灯），切断电源，移走易燃、可燃物质。

（3）小容器内物质着火可用石棉毯或湿抹布覆盖以隔绝氧气使之熄灭。

（4）较大的火灾可根据着火物质性质选用灭火器扑救。一般情况下，易燃液体类火灾选用二氧化碳、干粉等类灭火器，电气火灾选用二氧化碳、1211类灭火器。但要注意，电气和忌水物质火灾不能用水性灭火器，油品和有机溶剂着火禁用水扑救，防止其随水流散而使火蔓延。

（5）火灾较大时，要及时报警，并采取有效措施及时逃离火灾现场。

 **预防措施**

（1）在实验室做实验或工作时，严禁吸烟，要严格遵守各项安全管理规定、安全操作规程和有关制度。

（2）使用仪器设备前，应认真检查电源、管线、火源、辅助仪器设备等情况，如放置是否妥当，对操作过程是否清楚等，做好准备工作以后再进行操作。

（3）使用完毕应认真进行清理，关闭电源、

火源、气源、水源等，还应清除杂物和垃圾。

（4）实验中使用易燃易爆危险品时，更要注意防火安全规定。按照老师的要求进行操作，实验剩余的化学试剂，应送规定的安全地点存放或统一处理。

## 四、学校食堂厨房火灾

**案例回放**

**案例一：** 2003 年 11 月 27 日 11 时左右，位于哈尔滨市道里区城乡路 274 号的交通局职工中等专业学校一个 5 层教学楼的一楼食堂发生火灾，50 余名学生被困楼上。辖区消防中队接警后立即赶到现场，此时楼内烟雾弥漫，起火的一楼食堂后灶一个煤气罐正在燃烧，消防员立即开展灭火，并从里面抢出两个煤气罐，各楼层窗户也被及时打开排烟。10 多分钟后火势被控制住，楼上被困的 50 余名学生被救，经查，火灾原因为煤气泄漏引燃炉灶发生火灾。

**案例二：** 2008 年 10 月 28 日 6 时 13 分，安徽某大学西校文德楼酒店发生火灾。经过现场勘验和调查访问，认定该起火灾的起火位置位于一楼南部的厨房，起火点位于厨房东南部灶面上的油锅。火灾原因是厨房工作人员油锅炸食物时，操作不慎，导致炉火火星在鼓风机的作用下飞起，引着放在灶口旁边油锅内的油引起火灾。此次火灾过火面积约 $220m^2$，火灾直接财产损失 11 万余元，无人员伤亡。

**火灾原因**

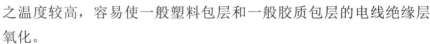

（1）在火炉上烧、煨、炖食物时，无人看管，浮在汤上的油溢出锅外，遇明火燃烧。

（2）厨师的操作方式、方法不对，使油炸物或油喷溅，遇明火燃烧。

（3）油锅起火后处置方法不当，弄翻了锅，弄洒了油。

（4）厨房电线短路打火。由于厨房湿度大，油垢附着沉积量较大。加之温度较高，容易使一般塑料包层和一般胶质包层的电线绝缘层氧化。

（5）厨房内的其他电器、电动厨具设备和灯具、开关等，在长期的大量烟尘、油垢的作用下，也容易搭桥连电，形成短路，引起火灾。

（6）抽油烟机、吸排烟灶风管堆积的油垢遇明火引起火灾。

（7）厨房内燃料泄漏遇明火引起灾害。

**处置对策**

（1）学校食堂中如遇油锅着火，可直接盖上锅盖，使火焰窒息熄灭，也可将准备好的菜放入锅中熄灭油火，切勿用水浇。

（2）锅内油火沸腾流淌燃烧，可以用干粉灭火器扑救。

（3）燃气设备起火，采取关阀断气的办法灭火，但要防止关气不严出现的泄漏扩散引起爆炸。

（4）不能扑救时应该及时撤离，在室外切断气源灭火。

 **预防措施**

（1）油炸食物时，油不能放得太满，油锅搁置要稳妥，且不要加温时间太长，需有专人负责，其间不得擅自离开岗位，还需及时观察锅内油温高低，采取正确的手段调节油温（如添加冷油或端离火口）。

（2）如油温过高起火时，不要惊慌，可迅速盖上锅盖，隔绝空气灭火，同时将油锅平稳地端离火源，待其冷却后才能打开锅盖。

（3）炉灶加热食物阶段，必须安排专人负责看管，人走必须关火。

（4）用完电热锅等电热器具后，或使用中停电，操作人员应立即切断电源，在下次使用时再接通电源。

（5）厨房内的电线、灯具和其他电器设施应尽可能选用防潮、防尘材料，平时要加强通风，经常清扫，减少烟尘、油垢和降低潮湿度。

（6）定期清洁抽油烟管道，及时擦洗干净厨房间排烟管道或抽排油烟机上聚集黏附的油垢。

（7）配置移动式灭火器材，保证拥有足够的灭火设备。每个员工都必须知道灭火器的安置位置和使用方法。

（8）安装自动灭火系统。

## 五、幼儿园活动房火灾

　　近年来，随着经济的快速发展，现代夫妇迫于工作和生活压力只能将孩子送至托儿所、幼儿园，由原先的父母保姆式的教育转化为社会家庭性综合教育。为满足社会的需要，各类幼儿园如雨后春笋般地出现，对幼儿基础教育起到了积极的推动作用。但部分托儿所、幼儿园消防安全意识不高，存在极大的火灾隐患，有的幼儿园发生严重的火灾事故，给我们留下了惨痛的教训。安全是儿童一切的保障，这就要求幼儿园把消防安全工作放在首位，这是保证孩子能受到良好幼儿教育的前提条件。

**案例回放**

　　**案例一：**2010 年 4 月 19 日上午，位于江西抚州市南城县天一山的某幼儿园发生火灾，经了解是由于电气短路，导致该幼儿园活动室内的一台电视机着火。

　　**案例二：**2010 年 1 月 17 日中午，北京朝阳区一家无照经营的幼儿园内发生火灾致使一名 2 岁女童被烧死。经查，事故发生是该园员工李某将取暖用电热器放置于床上后离开幼儿园去买菜，导致幼儿园失火。

**火灾原因**

（1）取暖不当引发火灾。北方地区和广大农村幼儿园采用明火取暖的比较多，部分宿舍也有使用煤油炉、电炉等设备进行取暖。

（2）电器设备老化引发火灾。幼儿园因教学和生活需要而存在大量的电器设备，且使用频率较高，功率通常较大，部分电器过负荷运转，加速电气线路老化以及乱拉乱接电线等现象，均易引发火灾。

（3）易燃物多，极易诱发火灾。幼儿园的活动房装饰物较多，且一般均为可燃材料，橱柜、桌椅、玩具等可燃物较多，一旦发生火情，这些可燃物都将成为助长火情的催化剂，导致火势的加剧。

（4）幼儿玩火可能引发火灾。幼儿正处于心智、身体的发育阶段，心智发育尚未健全，好奇心强，模仿力强，缺乏自我控制能力，对已告知的禁止行为仍有可能尝试，如玩火柴、打火机、触摸或拆解电器等，出现险情后也不能采取有效措施扑救，极易扩大火势。

（5）园房耐火等级低。部分幼儿园由老式建筑改造而成，甚至有的在简易的民用建筑内，建筑耐火等级低下，特别是有些农村幼儿园设在四级耐火等级甚至更加简易的建筑内；有的与居民住宅毗邻，一旦发生火灾，互相影响，蔓延迅速，可能会造成重大损失和人员伤亡。

**处置对策**

（1）幼儿园师生员工一旦发现幼儿园发生火灾，应立即报警（一是向"119"报警；二是向幼儿园领导报警；三是向发生火灾班组或周围师生报警）。

（2）报警同时迅速组织教师、保育员、保安等人员就近利用水、砂土、扫帚、衣物等扑灭初期小火，防止酿成大灾。

（3）在发现火情后，如不能马上扑灭，教师和保育员应当立即组织疏散儿童到安全地方。疏散要组织有序，防止踩踏伤亡事故。

（4）疏散的时候要有教师和保育员带领，把毛毯或褥子用水淋湿裹住身体，用湿毛巾捂住口鼻，弯腰走或匍匐前进走出受困区。

（5）如果大火蔓延到疏散通道不能逃生，应关闭并封堵连通火区的房门、缝隙，泼水降温，呼救待援。

（6）如果疏散通道被大火封锁，教师或保育员应把儿童带至窗口、阳台等容易被人看见的地方，并敲打物品或者挥动布条等物品向群众和消防队员求救。

（7）幼儿园发生火灾，儿童是被救助和保护的重点，要让儿童尽快撤离火场，脱离危险，不能让儿童参与灭火。

 **预防措施**

（1）以讲故事、看图片、实例讲解等幼儿能接受的方式，教育儿童不玩火柴、打火机、蜡烛、蚊香等。禁止儿童携带火柴、打火机、鞭炮等火种上学。

（2）严禁超负荷用电，电气线路应找正规电工安装，有老化的线路要及时更换，电气线路应穿阻燃管或钢管保护。保险丝按负荷的大小，配置相应的保险丝。

（3）电源线路和插座应加防护罩，防止孩子摸到电源插座及灯具或把铅笔等物插入插座，禁止乱拉乱接临时线路和灯具。

（4）取暖设备周围不得堆放可燃物质，人员离开取暖设备应该断开电源。

（5）园内禁止任何人吸烟、使用明火。遇到停电不得使用蜡烛和油灯进行照明，应使用专用应急照明设备进行照明。

（6）幼儿园的儿童用房及儿童游乐厅等儿童活动场所，应设在地上4层以下的建筑内，并设置单独出入口。

（7）上课期间不得将安全出口门上锁，时刻保持安全出口畅通。安全出口数目不应少于两个，疏散门应向疏散方向开启，严禁使用侧门、卷帘门、铁栅门、吊门、转门。

（8）幼儿园要配备必要的灭火器、水源和提水工具，保证消防设施完整有效。定期维护保养消防设施。

 **火场逃生**

学生在学校学习、生活的时间远远超过在其他场所活动的时间，学校人数众多，一旦发生危险，容易造成群死群伤的严重后果，所以要高度重视学校火灾的逃生与救助。

学校发生火灾时，身处火场的师生，在火势不大的情况下，

应以最快的速度在初期火灾阶段将火扑灭。同时以最快的速度报告保安和管理人员，保安和管理人员应以最快的速度派人打开安全出口，切断电源，拨打电话"119"报警和向在起火建筑中的师生报警，组织疏散逃生。同时及时报告学校领导和事故灾害疏散逃生组织指挥机构。学校发生火灾疏散逃生时应注意以下几个方面。

（1）有效的组织指挥

当学校的领导（无论何级）得到火灾事故报警后，立即赶赴火灾现场指挥师生疏散，以在火灾现场的最高级别领导为火灾事故紧急疏散总指挥，其他人员必须无条件地听从指挥。

（2）有序的疏散顺序

无论是教学楼还是宿舍楼，最先起火的那一层首先撤离，紧接着是从起火的上一层开始逐层疏散。如果火灾发生在最高层，则由火灾现场总指挥根据具体情况决定按从高层到低层的顺序撤离。

（3）防止烟气中毒

因火场烟气具有温度高、毒性大、氧气少、一氧化碳多的特点，人吸入后容易引起呼吸系统烫伤或神经中枢中毒，因此在疏散过程中，应使用湿毛巾或手帕捂住口鼻。

（4）防止高温灼伤

逃生中如遇火灾发展，火势较大，火场温度高热辐射强，应尽量寻找水源将衣服淋湿或用淋湿的东西遮盖在身上快速逃生。

（5）房间躲避法

在无法通过烟火封锁时，可退入一个房间内，可将门缝用毛巾、毛毯、棉被、褥子或其他织物封堵，防止外部火焰及烟气侵入，从而达到抑制火势蔓延的目的。

（6）卫生间避难法

火灾蔓延实在无路可逃时，可利用卫生间进行避难。因为卫生间湿度大，温度低，有灭火用水，可用水泼在门上、地上，进行降温。

（7）阳台窗口逃生

阳台窗口是紧急情况下的第二逃生通道，在被火封堵，救援人员又不能到位的危急情况下，可用绳索系住一端沿绳索攀沿逃生。

 学校火灾救助

学校发生火灾，在校人员无法疏散逃生时，可在窗口、阳台、屋顶或卫生间，向外大声呼叫，敲打金属物件、投掷细软物品、夜间可打手电筒、打火机等，利用物品的声响、光亮，发出求救信号。引起救援人员的注意，为逃生争得时间。

（1）自救与互救相结合

在火灾现场，我们不仅要尽快撤离现场，还要积极帮助老、弱、病、残、妇女、儿童等人员疏散，切忌乱作一团，否则会堵塞通道，酿成大祸。

（2）逃生与抢险相结合

火险火情火灾千变万化，如不及时消除险情，就可能造成更多人员伤亡。因此在条件许可时要千方百计地消除险情，延缓火灾发生的时间，减轻灾害发生的规模。

（3）救人与救物相结合

在所有情况下，救人始终是第一位的，绝不要因为抢救个人贵重物品而贻误逃生良机。

## 六、学校火灾应急疏散预案的制定与演练

为应对学校消防突发事件，有效组织消防应急疏散，最大限度地防止和减少火灾中的人员伤亡和财产损失，防止群死群伤恶性事故发生，保障师生的身体健康和生命安全，维护学校正常的教学秩序和校园稳定。根据我国《消防法》和《机关、团体、企业、事业单位消防安全管理规定》等相关法律、法规中的明确规定以及上级教育行政管理部门的要求，学校应该结合本单位的实际情况，制定相应的火灾应急疏散预案，组织逃生演练。

### 应急疏散演练目的

（1）加强消防安全知识的宣传教育，强化全校师生的消防安全意识。

（2）使在校师生熟悉学校建筑的应急疏散通道，增强师生对火灾突发事件的应变能力。

（3）进一步发现学校在应对消防突发事件时尚存的问题以利整改。

 **预防措施**

（1）学校法定代表人是学校消防安全第一责任人，对本校的消防安全工作全面负责，根据消防法律、法规，制定学校消防安全管理体制，落实学校消防安全责任制。

（2）每学期开展 1～2 次消防疏散演练，对师生员工进行消防安全教育，普及基本消防知识，学会正确使用灭火器材，掌握逃生方法。

（3）加强检查，发现火灾隐患要及时整改。

（4）保持通道畅通，不乱堆杂物。

 **消防安全保障机构**

为保障校园消防安全，学校应建立健全消防安全保障机构，成立学校消防应急领导小组、灭火行动组、通信联络组、疏散引导组、防护救护组。

（1）学校消防应急领导小组下设组长（一般由演练组织单位或其上线单位的负责人担任，在演练实施阶段，担任演练总指挥）、副组长（在演练实施阶段担任副总指挥）、成员（一般由学校及相关部门负责人担任）。主要职责是负责应急演练活动全过程的组织与领导，并审批决定演练的重大事项。

（2）灭火行动组的主要职责是当火灾发生时，利用校内配置的消防器材及有关设施，全力进行扑救。

（3）通信联络组的主要职责是在发现火灾后，迅速与辖区消防大队或当地消防部门取得联系，引导消防人员和设施进入火灾现场；联络相关单位及负责人，组织调遣消防力量；负责对上、对外联系及报告工作。

（4）疏散引导组主要负责在学校火灾现场指挥学生按既定的安全方向和地点进行疏散。

（5）防护救护组主要负责利用简便器材对伤病员进行紧急抢救，联系当地医院送救伤病人员。

 **其他**

（1）学校基本资料及疏散路线设置。学校要根据学校基本情况和校园规划情况，制定教学楼班级分布图及班级负责人，设置消防应急疏散引导图、室外集合点班级分布图。疏散引导图应明确标注疏散引导教师的位置，明确责任分工。

（2）备用疏散方案。学校还应制定备用疏散方案，若在火灾发生时，由于特殊原因导致教学楼一侧楼梯无法使用时，采用备用疏散方案。

# 第四章　娱乐场所火灾

公共娱乐场所是指向公众开放的下列室内场所：①影剧院、录像厅、礼堂等演出、放映场所；②舞厅、卡拉 OK 厅等歌舞娱乐场所；③具有娱乐功能的夜总会、音乐茶座和餐饮场所；④游艺、游乐场所；⑤保龄球馆、旱冰场、桑拿浴室等营业性健身、休闲场所。它作为现代人的一种大众化的娱乐方式，遍布全国的大小城镇。由于公共娱乐场所装修装饰采用大量可燃物，用电设备多、点火源多，火灾危险性大。再加上人员流动性大且容纳人数众多，一旦发生火灾，火势蔓延快、扑救难度大，人员疏散困难，易造成重大人员伤亡。

## 一、舞台起火

**案例回放**

**案例一：** 1994 年 12 月 8 日 18 时 20 分，克拉玛依市教委组织 7 所中学、8 所小学各 1 个规范班在友谊馆向评估验收团作汇报演出。在演出过程中，舞台正中偏后北侧上方倒数第二道光柱灯（1kW）与纱幕距离过近，高温灯具烤燃纱

幕引起火灾。大火造成 325 人死亡，死难者中，有 7 ～ 15 岁的中小学生 287 人、教师 18 人、干部等 20 人，直接财产损失 210.9 万元。1995 年 10 月 11 日，经自治区高级人民法院二审终审，14 名责任者受到了法律的制裁。犯有重大责任事故罪的友谊馆副主任阿不来提·卡德尔、友谊馆值班人员陈惠君各被判处有期徒刑 7 年；犯有玩忽职守罪的方天禄、唐健、蔡兆锋各被判处有期徒刑 5 年。

案例二：2008 年 9 月 20 日，深圳市龙岗区舞王俱乐部发生特别重大火灾事故，造成 44 人死亡，64 人受伤，直接财产损失 271 245 元。火灾原因是深圳市舞王俱乐部员工王帅文在舞台表演节目时使用自制的道具枪向上方发射烟花弹，烟花弹爆炸产生的火星引燃天花吸音海绵蔓延成灾。火灾事故责任认定为：王帅文在舞台表演节目时使用自制的道具枪向上发射烟花弹引起火灾，对该起火灾负直接责任。王静作为舞王俱乐部的法定代表人未履行消防安全管理职责，对该起火灾负间接责任。

 **火灾原因**

（1）舞台改造增加用电设备致使电气线路因过负荷导致故障引发火灾。舞台根据不同的形式需要，隔几年就要重新装修或增设舞台效果用电设备，但很少考虑电线的负荷，大多数情况会搭接在原来的线路上，如增加灯光、音响、影像设备甚至是舞台的移动效果设备等。用电量的增加，使其长期过载运行，突破线路承载力导致线路故障，引起火灾。

（2）在高功率背景灯长时间烘烤下引燃舞台幕布着火。为了舞台效果，多数舞台上悬挂着各种幕布，在幕布前后安装了各种高功率背景灯，常用的背景灯如溴钨灯。幕布长期悬挂在舞台上，不但十分干燥而且会有灰尘粘在幕布上，在背景灯的高温作用下，极易被引燃引发火灾。

（3）有些公共娱乐场所为了增强舞台效果、渲染气氛，使用焰火、鞭炮等做表演辅助工具，致使引发火灾。如深圳龙港区舞王歌舞厅因焰火表演时引燃天花板引发火灾。

## 处置对策

（1）舞台着火时，由于舞台上悬挂的幕布等极易燃烧并会快速蔓延，所以一旦发现明火就马上利用舞台上配备的灭火器进行灭火。

（2）当舞台发生着火时，火势主要从舞台上的葡萄架沿闷顶向观众厅蔓延。一旦舞台起火，应马上安排人员利用舞台口设置的消火栓立即出水灭火，防止火势从舞台上的葡萄架向闷顶蔓延。

（3）一旦发现舞台着火，应当立即组织人员疏散，舞台上的人员可以从舞台两则的安全出口迅速撤离，观众厅内的人员从离自己最近的安全出口迅速撤离。

（4）当火势从舞台上的葡萄架向观众厅的闷顶蔓延时，应当组织人员利用室内消火栓的水枪向闷顶打水，同时应当组织邻近舞台的观众迅速离开，因为火势蔓延到闷顶上随时有可能引发闷顶烘燃，邻近舞台的闷顶会率先掉落。

（5）不能及时疏散的人员，不要慌，也不要去人多的出口挤，防止踩踏影响疏散，要尽量往舞台相反方向一侧撤离，选择时机进行逃生。

 **预防措施**

（1）舞台的电气设备，要符合防火安全要求，不得超负荷运行，将用电量控制在额定范围内。

（2）舞台上灯具的安装位置，应距离幕布、布景和其他可燃物不小于 40cm。所有移动的灯具应采用橡胶套电缆，插头和插座应保持接触良好。调压器等容易发热的设备，应安装在不易燃烧的基座上。每次演出结束，应对演出场地进行防火检查，确认安全后，才能切断电源离去。

（3）舞台上禁止吸烟，演员应在指定的休息室内吸烟，演员需要吸烟时，应注意将烟头、火柴梗处理好，防止引燃可燃物。

（4）不应在舞台或化妆室内使用汽油、乙醇等易燃液体清洗假发和剧装，应在舞台外的安全地点清洗，待晾干 2 小时后才能使用，防止遇明火而燃烧。

（5）舞台上演出时使用易燃易爆物品作火焰效果时，必须得到消防监督部门的批准，并在使用时有专人操作，专人负责防护。舞台上严禁堆放其他任何可燃物。

**温馨提示**

（1）疏散人员要听从现场工作人员的指挥，切忌互相拥挤、乱跑乱蹿，堵塞疏散通道，影响疏散速度。

（2）疏散人员要尽量靠近承重墙或承重构件部位行走，防止坠物砸伤。特别是在观众厅发生火灾时，人员不要在剧场中央停留，闷顶随时可能塌落。

（3）若烟气较大，宜半蹲弯腰前进，因为靠近地面的空气较为清洁。

## 二、KTV 包房起火

**案例回放**

案例一：2012 年 4 月 22 日 18 时
49 分，广州市越秀区东华北路 168 号
金城宾馆 2 号楼 2 层 KTV 发生火灾，
使该楼部分设施被烧毁。起火原因是
一 KTV 包房电器故障导致，所幸当时
该包房内无人。消防部门共搜救被困
人员 47 名。事故未造成人员伤亡。

案例二：2011 年 4 月 13 日 19 时，
位于枣庄市市中区龙头路和振兴路交
叉路口的金帝 KTV 发生火灾，经过
消防官兵 20 余分钟的紧急扑救，大火
被成功扑灭，消防官兵从火场成功疏
散 5 名群众，无人员伤亡。金帝 KTV
共有 4 层，总面积约 600m²，此次火
灾过火面积近 300m²，着火部位主要集中在 2 层咖啡厅和 3、4
层部分房间。

**火灾原因**

（1）在 KTV 包房内随意吸烟，乱扔烟头或火柴梗，是造成火灾的主要原因之一。这种情况往往发生在 KTV 里的客人走后，烟头、火星留在沙发、椅子上引发火灾。

（2）KTV 包房的易燃装修极易被点火源引燃而发生火灾。KTV 包房为提高舒适度，采用大量的海绵、布匹面料等可燃易燃材料做装修，一旦线路因接触不良而蓄热、过载引发绝缘层燃烧、短路产生火花或用电器故障蓄热，极易引起火灾的发生。装修时把电气线路敷设于装饰墙面和吊顶内，甚至无任何隔热防火措施，与易燃材料直接接触，电气设备长时间工作极易引发火灾事故。

（3）使用大量高分子聚合材料做装修是 KTV 火灾扩大的主要原因。装修时经常使用木板和塑料、化纤等高分子聚合可燃材料，导致建筑耐火等级降低，增大了火灾荷载，在火灾中不但助长了火势，延长了燃烧时间，更重要的是会分解出大量一氧化碳、氮氧化合物和氰化物等有毒气体，在极短时间内可使人中毒死亡。

（4）公共娱乐场所营业时间常对安全出口上锁，发生火灾时由于安全出口上锁，短时间无法打开，使本应该能安全逃生的人无法疏散而受困伤亡。通道上堆放杂物、楼梯口、楼道因防盗或分片租赁，用铁栅栏、墙体封堵隔断，使正常的逃生通道受阻，往往造成火灾中人员重大伤亡。

**处置对策**

（1）及时准确报警，并迅速扑救初起火灾。KTV 人员密集、可燃易燃物多，火灾蔓延快，一旦单位自己的灭火力量控制不住火势则极易造成巨大损失。所以在积极进行初起火灾扑救的同时要及时准确报警，以便消防救援力量能及时赶到，减少火灾损失。

（2）当KTV包房起火时，若初起火灾扑救困难，不能控制火势，灭火人员应迅速将起火包房的门关上，利用室内消防栓出水枪在门口堵截，防止火势突破房门向邻近其他部位蔓延，等待公安消防部队到场扑救。

（3）在KTV里娱乐消费的人员得知起火后，应灵活选择多种途径逃生，如KTV在楼层底层，可直接从门和窗口跳出；若设在2层、3层时，可抓住窗台往下滑，让双脚先着地；如果KTV设在高层楼房或地下建筑中，则应参照高层建筑或地下建筑的火灾逃生方法逃生。

（4）利用娱乐场所的声光报警器逃生。多数娱乐场所均安装有声光报警器，当KTV发生火灾时，没有着火的包房的电视屏幕上会出现逃生路线指引，同时音响上也会发出火警的信号指引，可以根据火灾声光报警系统的指引迅速逃离火场。

## 预防措施

（1）应急照明和疏散指示标志在火灾发生时对引导人员进行安全疏散起着非常关键的作用。在KTV疏散走道和主要疏散路线的地面或靠近地面的墙上设置发光疏散指示标志，在通道上安装应急照明，用来在火灾断电时黑暗环境中引导受困人员安全逃生。

（2）坚持做好消防设施的管理和维护。KTV应当坚持定期对消火栓、灭火器、疏散指示标志、应急灯及火灾报警系统等消防设施进行检测和保养，对于不能正常使用的消防设施、器材应及时整改或更换。

（3）保证安全出口和疏散通道畅通无阻。在营业时间安全出口必须全部开启，疏散通道一定要保证畅通。禁设门帘、屏风，严禁上锁或堵塞。因特殊情况确实需要关门的，要派专人守候。在中庭需摆放设置桌椅时应充分考虑通道畅通的要求。

（4）在营业期间和营业结束后加强防火巡查、严防遗留火种，应当指定专人进行防火安全巡查，并检查是否忘关燃气阀门和电气开关。每天认真做好消防设施的检查和试运行，发现故障及时排除，一时维修不好的，要采取相应的补救措施，确保发生火灾能早发现、早报警。

❤ 温馨提示

（1）由于 KTV 场所常用塑料、人造纤维等易燃化工材料装饰装修，燃烧后会产生有毒气体。高温烟气及毒气在平行通道中传播时，离地面 0.9m 上下的地方含量稍低，空气比较清洁，含氧量较多。所以宜弯腰快速跑离，避免被毒烟熏倒而窒息。

（2）逃生过程中应避免火场中的习惯心理。处于火场之中，人们脑子里首先想到的就是从进来的入口和楼梯逃生，尽管那里已经是挤成一团，堵塞了出口，还是争相夺路不肯离去，只有出口被烟火阻塞不得已的情况下，才寻找其他出口。这样贻误了逃生的最佳时机，导致丧生。所以应避免习惯心理，沉着冷静，正确选择逃生路径与出口。

## 三、网吧、游戏厅起火

**案例回放**

**案例一**：2011 年 2 月 22 日 12 时左右，吉林交通职业技术学院北侧一网吧发生火灾。火灾发生的网吧为 2 层建筑，着火点在 2 层，共有上百台电脑被烧，过火面积为 200 多 $m^2$，网吧工作人员只抢救出 1 层的 70 多台电脑，整个灭火过程持续了近 1 个小时，有 30 多名消防员、9 台消防车参与到了这次灭火行动中。所幸事故中网吧处于停业期间，并未造成人员伤亡。

**案例二**：2002 年 6 月 14 日，北京刘某某、宋某某两人进蓝极速网吧时被拒，理由是"未成年人不得入内"。两个恼羞成怒的孩子在 6 月 15 日 19 时拎一瓶 1.8L 汽油点燃了蓝极速网吧，造成 25 人死亡，12 人受伤，燃烧面积 95$m^2$，烧毁电脑 42 台。

**案例三**：2002 年 2 月 18 日下午，河北省唐山市古冶区的开滦建材厂家属区一非法游戏厅发生重大火灾，火灾过火面积

35m², 烧毁化纤织物、游戏机等物品, 直接财产损失 1.2 万元。火灾造成 17 人死亡、1 人受伤。死者大多是十几岁的孩子。起火原因是由于空调调压变压器长时间通电, 引起变压器线圈绝缘老化过热引燃周围可燃物所致。火灾发生时, 游戏厅共有 18 人 (其中 17 岁以下的有 9 人)。当天 14 时 20 分左右, 在东屋的凌富发现门缝有烟后, 到西屋察看发现空调调压器下部和化纤织物堆垛上部起火。凌富、凌玉铁去灭火, 由于化纤织物堆垛火势很大, 凌玉铁双手和面部被烧伤, 他把西屋南门踹开逃生, 晕倒在门外, 其父被烧死。由于烟火封住了通往西屋的门, 东屋玩游戏的 16 人无法逃生, 有 6 人当场窒息死亡, 10 人经抢救无效死亡。

 火灾原因

(1) 网吧、游戏厅营业时间长, 又是社会流动人员、闲散人员出入频繁的场所, 很容易因其他矛盾引发火灾, 一旦发生火灾, 疏散较困难, 易造成人员伤亡。

(2) 网吧、游戏厅普遍存在安全出口、疏散通道宽度不足, 且有在安全出口处堆放杂物堵塞出口现象。这种现象在城乡结合处的黑网吧、游戏厅更为突出, 甚至经常将安全出口上锁。一旦发生火灾，往往引发群死群伤事故。

（3）网吧、游戏厅使用的机器多，用电量大，大多数线路沿地铺设，没有有效地进行线路处理，未用耐火材料制作的线管进行贯穿，很容易造成线路破损、短路引发火灾。且多台机子使用一个插座，常因超负荷引发火灾。

（4）有的网吧、游戏厅非法经营，为逃避检查，把游戏厅其他门窗全部封死，火灾发生后，烟火一旦将唯一通道封堵，屋里的人员将无路逃生。

 **处置对策**

（1）当火灾发生后，网吧、游戏厅老板或员工要及时按下楼层内红色火灾报警按钮或拨打消防中控室电话报警。没有设置报警系统的网吧、游戏厅着火时，应第一时间向"119"或"110"报警。

（2）当网吧、游戏厅着火时，应当立即切断电源，利用配置的灭火器进行灭火。最好是使用干粉灭火器。

（3）网吧、游戏厅着火时，有的玩家可能还不清楚着火了，还沉迷于网络或游戏中，网吧、游戏厅的员工不得自己先逃，要提醒还在玩电脑或游戏机的玩家一起撤离。

（4）在网吧、游戏厅中突然发现自己受困于火中时，不要惊慌失措，冷静下来看看哪里烟气较少、安全出口在哪里，认准出逃路线后再迅速撤离，避免在惊慌失措中选错逃生方向或在逃离时被桌椅绊倒。

**预防措施**

（1）网吧、游戏厅要严格控制人数和营业时间，不得超过设计的额定人数。机子布排要保证 0.9m 宽的排距（疏散通道），保证营业时间每个安全出口均能打开。

（2）积极指导网吧、游戏室（所）搞好消防设施建设。督促其按规范要求配备足够数量和相应型号的灭火器材，放置在明显便于取用的位置，要定期检测和维修，使之灵敏好用，并对各类灭火器材的使用方法、用途进行培训，提高自防自救能力。

（3）定期对网吧、游戏厅的从业人员进行消防教育培训，使之深刻认识消防安全工作的重要性，对工作人员要进行岗前消防安全培训，培训合格后方能上岗。做到会报火警，会使用灭火器材，会扑救初期火灾，会组织人员疏散。

（4）明确一名主要负责人作为本单位的消防安全责任人，严格落实消防安全责任制。消防安全责任人应当按照相关法律法规的要求履行消防安全责任，负责检查和督促落实本单位防火措施，制定灭火疏散预案，组织灭火和逃生演练。

# 第五章 医院火灾

　　医院作为对病患等特定人群进行治病、防病的社会公共服务场所，在各省、市、县、乡镇等都设有不同规模和级别的综合性医院或专科医院。且我国医疗体系体制的原因，各医院成为人员密集场所，一旦发生火灾，医院现场结构复杂、病患人员众多，极易造成重大人员伤亡。

## 一、手术室起火

　　手术室内有很多可燃物，如酒精、异丙醇、纸张、塑料、纱布、气管内插管、患者的头发及凝胶垫子等，手术室使用的乙醚、甲氧氟烷、氨氟醚、氧化亚氮等麻醉剂也是可燃易燃品。随着麻醉机、电灼器、激光刀及电凝设备等手术用电器设备在手术室内的广泛应用增大了火灾发生的风险，每年都有很多起手术室火灾发生。由此，控制手术室引发火灾和爆炸的危险变得极为重要。

案例
回放

　　2011 年 8 月 24 日 21 时 45 分左右，上海交通大学医学院附属第三人民医院外科大楼 3 层手术室发生火灾事故，致使因车祸被送入外科大楼 3 层 1 号手术室接受全麻下肢截除手术的朱某死亡。起火原因是由外科大楼 3 层 2 号手术室内北墙上方通电工作中的挂壁式空气净化器故障所致。经法医尸检，患者死因为一氧化碳中毒死亡。火灾发生时，1 名护士发现隔壁 2 号手术室空气净化器起火，立即取灭火器扑救，无果，赶到 2 层用座机报告医院总机室。同时火势蔓延至 1 号手术室，1 名麻醉医生离开 1 号手术室呼救并告知同事用手机报警，因烟雾很大无法返回手术室。2 名手术医生继续缝合伤口，后因照明断电，烟雾浓重，在查明呼吸机工作正常（一般呼吸机停电后可自主工作半小时左右）而手术床在停电状态下无法搬动的情况下，只得撤离现场寻求救援。

## 火灾原因

　　（1）手术室中的电子仪器设备、手术中使用的电刀、激光、热凝装置等高温热源点燃纱布、手术敷料、毛毯、一次性输液导管等可燃耗材引发火灾。

　　（2）手术过程中，患者体内的气管插管被电凝设备点燃或是被激光击中。特别是在高浓度氧的条件下，激光点燃气管插管引起的火焰很容易灼伤患者气管、食管和肺，给患者带来重大伤害。

　　（3）电凝设备点燃手术中漏出的麻醉混合气体（包含高浓度氧和其他可燃气体），导致手术室发生着火。

（4）异丙醇、碘酒和酒精等医用消毒液为可燃易燃品，在手术中常被用于消毒皮肤，当手术开始前消毒液没有完全挥发干燥，在氧浓度较高的手术环境中，易被电切刀等用电手术设备点燃。

## 处置对策

（1）当手术室内用电设备等点火源点燃室内可能燃物时，先应切断供氧系统，使用配置好的灭火器灭火的同时，迅速将患者转移出手术室。

（2）在手术过程中，患者身上的气管插管被点燃时，应立即拔掉气管插管，给患者换用面罩吸氧。

（3）当患者身上的消毒液因没有挥发干燥被点燃时，应当用手术台上的被单或是手术用敷料迅速将着火面覆盖，使之熄灭。

（4）在手术室着火后不能迅速有效灭火时，应迅速隔离封闭火灾区域，断电，关闭氧气、笑气、压缩空气总阀门，关闭层流装置等。

## 预防措施

（1）为预防各种气源漏气应经常性地检查各种气源的接头，杜绝高压漏气现象。使用麻醉机、氧气湿化器、呼吸机和其他医疗器械时，保证其气体插头与快速接头插座间插拔灵活、气密性良好。

（2）手术室的各种医用电气设备必须使用原设备配置的电源插头，严禁随意更换插头。对功率较大的设备，要根据设备的功率配置独立的电源插座。由于手术室内产生的可燃蒸气密度一般都比空气重，手术室电气开关和插座距地板的高度不应小于1.5m。

（3）尽可能避免在使用可燃性麻醉剂的情况下操作使用电灼器、内窥镜。若必须在应用可燃性麻醉剂条件下使用电灼器，则应暂停吸入麻醉剂，一般需等待 3 分钟以上，使呼出气中的麻醉剂浓度降至可燃临界值以下，再使用电灼器。手术室内所用布类及工作人员、病员服装均应采用全棉制品，鞋袜应采用传导性良好的材料制作，避免发生静电放电引发火灾。

（4）手术室内不得储存可燃、易燃药品，手术中用到的易燃易爆药品，应随用随领。麻醉设备的操作要谨慎，最大限度地降低易燃易爆气体的漏逸。用过的易燃易爆药品要封口后放入有盖的容器内。

## ❤ 温馨提示

（1）手术室着火时切断供氧系统会使全身麻醉状态无自主呼吸的患者失去氧气供应，无电池储备的医疗设备断电后会直接涉及生命体征监测、呼吸机通气、手术操作等关系生命维持的核心问题，应当根据具体手术情况而应对。

（2）手术室着火进行疏散时，应当考虑到处于麻醉状态的患者或创口开放甚至开胸、开颅患者是否有条件或是否适宜移动疏散。对于可以快速终止、闭合伤口且相对容易处置的手术患者，应当果断快速疏散。

（3）正在实施抢救、心脏体外循环手术等特殊大手术过程中发生着火，只能让医护人员根据情况临机处置，因为此时医护人员已处于绝对被动的局面之中。

## 二、病房起火

　　**案例一：** 2011 年 12 月 3 日 13 时 15 分，位于河南省焦作市工业东路的解放军第九十一中心医院 3 号病房楼外墙保温层着火。由于扑救及时，火情得到迅速控制，没有造成人员伤亡，但将 3 号病房楼烧得面目全非。

　　**案例二：** 2011 年 10 月 23 日，台湾台南新营医院北门分院附设护理之家失火，造成 12 人死亡、60 人受伤。到 24 日上午，2 人出院，其余 58 人继续住院，住院者中 57 人是北门分院内附设护理之家病患、1 人是精神病患。58 人中 12 人在一般病房、46 人在加护病房。根据台湾"卫生署"统计，2010 年医院发生的公共意外事件中，有 98 件与火灾相关，而引起火灾的直接原因，以病人或病人家属在病房内烹调食物、微波炉使用不当最多，其次才是线路走火和设备故障，而病人或家属抽烟乱丢烟蒂、故意引燃物品也不少。

## 火灾原因

　　（1）有些病人或病人家属为了自己生活的便利，在病房内烹调食物、取暖、做饭热饭，违规使用电热器、微波炉、电热杯及电炉等用电器，致使引发火灾事故。

（2）住院部护士值班室、休息室违规使用电器发生火灾。护士值班室常设有电视机、取暖器等用电设备，常在值夜班时使用。用电器长时间通电而护士却睡着，常引发火灾事故。

（3）病人或家属不遵守医院的相关规定，在病房里吸烟乱丢烟蒂引燃可燃物品引发火灾。

## 处置对策

（1）当病房着火时，可以就地取材，用水扑灭初起火灾，也可用湿棉被、湿床单将燃烧物覆盖，使其熄灭，如果病房中有氧气管道穿过则必须将氧气流切断。

（2）骨科病房内多半患者行动不便，在逃离火场时具有很大的困难。一旦发生火灾，骨科医护人员应当马上利用现有的资源，能用拐行走的分发拐杖，拐杖不够用时就地取材，能用于助行的木棍、铁棒均可用于临时的拐杖协助患者逃生。不能用拐杖行走的安排轮椅、平车等助行设施逃生。助行设施用尽时，医护人员搀扶或背离火场。在无法从通道逃离时就地等待消防救援。

（3）儿科病房内多数患儿均需有家属陪同，在火灾发生时，儿科医护人员应当引导家属带患儿安全疏散。在无陪伴区应由医护人员帮助儿童成功逃生。在引导和救助儿科患者逃生时，设计有儿童逃生专用楼梯的，尽量用专用楼梯而不与成人混用，以免发生挤压、踩踏等严重事件。

（4）传染病科病房着火时，应做好传染病人在逃生过程中防疫工作，经呼吸道传播疾病的应分发并戴好口罩、经血液途径传播的拔除输液器以防止传染他人。

（5）在撤离的过程中为保证患者不受二次伤害。应帮助输液患者拔出输液针头；使用呼吸机的患者使用转运呼吸机或呼吸囊以维持其呼吸功能。通过火灾区时，切勿使用氧气。撤离后，应清点患者人数，防止有患者被滞留在火灾区域。

 **预防措施**

（1）病房内严禁乱拉乱接电线，严禁在病房内擅自使用电炉、电热毯等电气设备。使用其他电热、取暖设备应符合相关安全规定。

（2）病房内严禁烟火。为方便病人设置的加热食品的炉灶，必须统一设在固定的安全地点，并设专人管理。当受条件所限，病房内必须采用明火取暖时。要选择安全地点，指定专人负责看管，事后及时熄灭余火。

（3）燃气热水器应指定责任人负责管理，用完后必须关闭进气闸阀。使用燃气或电热的无压开水锅炉应远离病房并指定责任人负责管理。

（4）加强对住院部护理站及护士休息室的管理，护理站及休息室常有护士生活专用的微波炉等简单家用电器，使用不当会引发火灾殃及病房。

 **温馨提示**

火灾发生时医护人员能成功自救并安全疏散患者从火场中逃生并非一时之功，平时医院应当针对不同的科室所处楼层及病种特点制定逃生路线，合理设计疏导人流的方案，并将各房间的逃生路线

示意图粘贴在病室内明显位置，为患者和医护人员提供相关指导，并对医护人员进行相关的演练。

## 三、高压氧舱起火

高压氧舱治疗是通过将人体置于一个舱内，在高压状态下吸氧以达到治疗疾病的目的，广泛应用于心脑血管疾病、煤气中毒、脑外伤、骨折术后、植皮术后、皮肤坏死、糖尿病、突发性耳聋等的治疗。在广泛应用高压氧舱治疗中高压氧舱也经常发生起火，造成巨大损失。高压氧舱一旦发生火灾，舱内人员一般都不能撤离，往往造成严重的伤亡事故。据统计，1923—1996 年的 74 年中，在亚洲、欧洲及北美洲地区，共收集到发生在各种加压舱内的火灾事故 85起，导致 77 人死亡。我国在 1965—2004 年，共发生高压氧舱火灾事故 26 起（其中空气舱 7 起，纯氧舱 19 起），导致 63 人死亡 9人重伤。1987 年，广州市某医院高压氧舱发生火灾，导致 8 人死亡。

尤其是 1994 年，氧舱事故频发，当年共发生 4 起氧舱起火事故，死亡 27 人，重伤 1 人。其中，发生在大连市的空气氧舱火灾导致 11人死亡，后果十分严重。

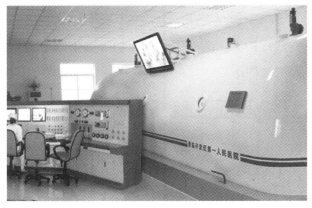

**案例回放**

2007年1月12日，李潘因车祸收住湘潭市中心医院神经外科病室住院，入院诊断为特重型颅脑损伤。经过半个月的治疗后病情好转，遂于2007年1月25日开始接受高压氧治疗，每日一次，每次吸氧60分钟。2月7日8时15分，李潘换上棉质病服入舱进行高压氧治疗，约20分钟，高压氧舱内突然发生大火，主治医师龙安富急忙将高压舱减压，开舱救出病人，并迅速将火扑灭。被救出的李潘全身80%重度烧伤，经抢救无效，于2007年2月9日在该院死亡。

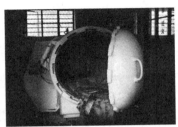

**火灾原因**

（1）氧气浓度较高的舱内，高浓度氧往往可能引发碳氢化合物、油脂、纯涤纶等自燃。当患者身穿涤纶衣服或是衣服上沾有油脂或其他碳氢化合物时会引发高压舱起火。

（2）医务人员违反操作规程引起火灾爆炸。高压氧舱治疗的特殊性要求医院高压氧舱治疗要遵守严格的操作规程。各地卫生部门应该对引进设备的医院进行资格认定，对操作人员也应该进行上岗培训，获得资格证书。

（3）人员在舱内的移动和摩擦，有可能产生数千甚至上万伏的静电，坐椅或治疗床的碰撞等都有可能产生火花及提供最小的着火能量，条件如果适合，便会引起燃烧而形成火灾。

（4）患者违规携带火柴、打火机、手炉、MP4、手机、儿童玩具、钢笔、油笔等所有可能产生静电起火花的东西，进入高压氧舱治疗中产生静电起火。

（5）舱内线路老化等原因，也可能导致起火爆炸。

## 处置对策

（1）高压氧舱起火时如果舱内没有患者，高压舱内可燃物燃烧迅猛，密闭空间内的氧气经剧烈燃烧后迅速耗尽，火可自行熄灭，切不可马上打开舱门，否则会因通入新鲜空气而引起复燃。

（2）患者在进行高压氧舱治疗过程中发生舱内起火，主治医师应当迅速打开舱门，将患者救离高压氧舱。

（3）当患者从高压氧舱中救出后，如果其身上还有明火，不能用灭火器具对患者身上进行灭火，应当采用棉被、衣服或覆盖物进行覆盖窒息灭火。

（4）在高压氧舱治疗中一旦发生起火，患者一般都会烧伤，将患者从高压氧舱中救出后要马上进行烧伤急救。

## 预防措施

（1）在日常的使用过程中应当定期维护保养，防止因线路老化、内部故障等设备原因引发高压氧舱起火。

（2）高压氧舱治疗医师应当持证上岗，在实施治疗中严格按照操作规程进行治疗操作，在治疗前及治疗后对高压氧舱进行检查，确保设备无带病运行和无安全隐患。

（3）在治疗中要严格要求患者按规程换棉质衣服，仔细检查患者入舱前的衣服，确保患者不携带火柴、打火机、手炉、MP4、手机、儿童玩具、钢笔、油笔等违禁品入舱。

（4）患者要自觉主动遵守高压氧舱治疗的规程，配合医师的安排，不带违禁品，头发不打啫喱水，要打湿头发，防止产生摩擦静电起火。

## 四、放射科起火

放射科作为医院诊疗的重点科室，其火灾风险来自 X 射线机室、胶片室和 CT 室。X 射线机室因电路故障、零件损坏等原因引发火灾，胶片因自身的易燃性常被外来火源点燃，配置三相 380V 电源，每台功率峰值在 80 ～ 100kW 的 CT 医疗仪器，耗电量大，常因配电线路绝缘层老化、炭化而引发火灾。

**案例回放**

2008 年 7 月 17 日早上，江西省广丰县中医院螺旋 CT 放射室发生火灾，接到报警后，广丰县消防大队官兵火速赶往事发地点将火灾扑灭，医院近百名住院病号得到紧急疏散，价值 200 余万元的医疗仪器设备被成功保护，事故未造成人员伤亡。

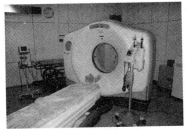

**火灾原因**

（1）X线机和CT机内部故障引发电气火灾。大多数大医院病人多，X线机和CT机使用频次多，使用时间长，长期运作发热导致机器内部引起发电气故障着火。

（2）胶片室因外来火源而引发火灾。胶片是易燃物品，而且被点燃后蔓延迅速、燃烧猛烈，明火、烟头、静电等均能引起胶片的燃烧起火。

（3）陈旧的硝酸纤维胶片易霉变分解自燃。往往对陈旧的胶片疏于检查，常年累月堆在一起没有人来管，也没有人过问和清除处理导致自燃起火。

（4）放射科里放置的其他用电器引发火灾。

**处置对策**

（1）放射科用的胶片是易燃物，一旦被点燃蔓延速度快，燃烧猛烈。当放射科的胶片室着火时，在班医师或保安人员应当迅速利用现有的消防设施器材灭火。

（2）在扑灭胶片室初起火灾时，应当同时安排相关人员将没有着火的胶片搬离，可以将到达火场的人员进行分工协作，一组专门用消防设施器材进行灭火控制火势，一组专门将胶片分隔，使场所内无可燃物供火势蔓延。

（3）当放射科的CT室着火时，选择灭火设施器材一定要慎重，不能选用以水做灭火剂的设施器材，因为CT室时均是高精端的用电仪器，一旦使用水灭火剂则将对仪器造成二次损坏。

**预防措施**

（1）X线机室应制定完善的消防安全制度。设备必须由专职工程师进行日常维护保养，由专业设备公司负责维护。室内严禁烟火，严禁存放易燃、可燃物品。工作结束必须切断电源。用乙醚清洗机器和电器设备时，必须打开门窗通风并禁止使用明火，同时应防止产生其他火花引发事故。

（2）为防止X线机内部故障引发电气火灾，应对X线机经常检查。检查时可目测审视X线管、高压整流管有无损坏；检听组合机头、高压发生器内有无放电或异常声响。

（3）胶片室应保持阴凉、干燥、通风，除照明用电外，室内不得安装、使用其他电气设备，室内严禁吸烟，下班时应切断电源。适用于激光成像系统和激光照相机的胶片储存的室温不应超过21℃。室内相对湿度应控制在30％～50％以内。胶片应远离辐射源。

（4）胶片室内除存放胶片外，不得存放其他可燃、易燃物品和任何化学物质。为防止胶片相互摩擦产生静电，胶片必须装入纸袋放在专用架上分层竖放，不得重叠平放。陈旧的硝酸纤维胶片易霉变分解自燃。因此应经常检查，不必要的应尽快清除处理；必须保存时，应擦拭干净存放在铁箱中，同醋酸纤维胶片分开存放。

（5）放射科设置的CT、MR等精密医疗仪器耗电量相对较大。

平时应定期测试各回路的电流值是否超标、温升是否异常，应经常性地对配电系统进行感观检查，如发现绝缘层老化、炭化及其他异常现象时应及时处置。设备运行时，有一定的射线污染或静态高磁场，各机房和设备间内严禁放置其他易燃、可燃物品。

❤ **温馨提示**

（1）放射科胶片室发生火灾时，当灭火人员利用配置的灭火器材无法将火势控制时，应当立即撤离胶片室，将门关闭，等待公安消防部队实施灭火救援。

（2）放射科 X 线机房发生火灾时，如果 X 线机着火，在灭火过程中应当注意辐射污染侵害，要在防辐射专家的指导下进行操作。

# 第六章 商场（市场）火灾

随着我国市场经济的发展，集销售、服务、娱乐、仓储于一身的商场（市场），因其方便、快捷、实用受到人们的青睐，并在各大中小城市高速铺开。我国城市化的进程促使商场（市场）趋向于超大规模、超大体积方向发展。其经营品种齐全，功能结构复杂，储存大量易燃物品，火灾荷载密度较大，人员流动较大，极易发生火灾。一旦发生火灾，容易形成立体、持续燃烧，易造成严重后果。如 2008 年 1 月 2 日，乌鲁木齐市德汇国际广场发生特别重大火灾，过火面积 6.5 万 $m^2$，火灾直接损失近 2 亿元，并造成 3 名消防官兵和 2 名群众死亡。该广场位于乌鲁木齐市钱塘江路，共 12 层，总建筑面积 10 万 $m^2$，是 1 座集服装、玩具、日杂百货等为一体的专业批发市场。

# 一、家用电器专柜起火

**案例回放**

**案例一：** 2010 年 12 月 24 日 20 时左右，圣诞节前夜，金华市区八一南街的国美电器商场发生火灾，火灾造成 3 人受伤，另有 16 人成功被消防队员救援。火灾原因是电梯主控房内发生电线短路引起的。

**案例二：** 2011 年 7 月 30 日凌晨 1 时左右，山西临汾市区解放路 8 层高的科奥大厦发生火灾。事故发生后，消防官兵及当地政府相关部门迅速赶赴现场疏散在住人员，进行灭火扑救。数十名消防官兵 10 余辆消防水车经过 3 个小时的全力扑救，凌晨 4 时左右，大火被成功扑灭。火灾造成苏宁电器一层卖场内部分电器损毁，二层上千平方米卖场内的电器全部烧毁，三层某保险公司办公室部分物品损坏，整个大厦表面及外部装饰被火烧焦。由于火灾现场救援有序，火灾扑救比较顺利。此次火灾没有造成人员伤亡。

**火灾原因**

（1）家电专柜用电量大，易引电气火灾。出售家用电器的专柜为了吸引顾客，常常使家电处于通电状态，如电视机专柜多台电视机同时开机来起到广告效益，用电量大，易引电气火灾。

（2）家用电器专柜展出大量的样品，致使出现插座连插座，增加用电量的同时还提高了线路风险，易发生电气线路故障引发火灾。

（3）在商场的家电专柜中，作为样品的家电一通电就是一整天，长时间的通电会导致家用电器过热，引发内部故障起火或引燃其周围的可燃物。

**处置对策**

（1）当商场中的家用电器专柜或展区着火时，先应及时切断电源，然后进行扑救。要注意千万不能先用水救火，因为电器一般来说都是带电的，而泼上去的水是能导电的，用水救火可能会使人触电，而且还达不到救火的目的，损失会更加惨重。在不能确定电源是否被切断的情况下，可用干粉、二氧化碳、四氯化碳等灭火剂扑救。

（2）电视机和电脑着火时，即使关掉电源，拔下插头，不能用水直接扑救，否则它们的荧光屏和显像管也有可能爆炸。所以在拔掉总电源插头后，用湿地毯或湿棉被等盖住它们，这样既能有效阻止烟火蔓延，一旦爆炸，也能挡住荧光屏的玻璃碎片。

（3）若是在营业时间内发现起火点，火势不大，用灭火器、沙土、覆盖物等迅速将其扑灭，或者将起火点周围的柜台、货架搬走，同时用灭火器扑救。

（4）若家用电器专柜的起火蔓延扩大，则应在起火层的上、下层靠近中庭侧用水枪保护货柜和货架商品或者向其洒水，以延缓火势的蔓延。

（5）如果火灾面积过大时，应组织现场摊主或场内员工（最好是志愿消防队员）使用附近的消火栓出水枪直接灭火或从着火点两侧堵截火势，或控制火势防止向四周蔓延，等待消防队前来扑救。

### 预防措施

（1）在家用电器专柜串接家用电器进行展出时，应严防短路而引发火灾。装接家用电器设备时，应根据电路的电压、电流强度和使用性质，正确配线。在具有酸性、高温或潮湿场所，要配用耐酸防腐蚀、耐高温和防潮电线。要使用合格的插座来连接，严禁导线裸端插在插座上。电源总开关、分开关均应安装适合使用电流强度的保险装置，并定期检查电流运行情况，及时消除隐患。

（2）家用电器专柜展出电器样品时应防止线路的过负荷运行。凡超负荷的电路，应改换合适使用负荷的导线或去掉电路上过多用电器。电路总开关、分开关均应安装与导线安全载流量相适应的易熔断的保险器。

（3）导线连接时要防止接触电阻过大，在电流通过时，在接触处会引起发热，直至使电线绝缘层着火，金属导线熔断，产生火花，烧着附近可燃物，造成火灾。连接时要保证导线接触端清洁，连接牢靠。应经常对线路连接部位进行检查，发现接点松动、发热时，要及时处理。

### 温馨提示

在扑救家用电器专柜初起火灾时，切勿向电视机和电脑泼水或使用任何灭火器，因为温度的突然降低，会使炽热的显像管立即发生爆炸。灭火时，不能正面接近它们，为了防止显像管爆炸伤人，只能从侧面或后面接近电视机或电脑。

## 二、服装、日用品专柜起火

2012 年 6 月 30 日 16 时许，天津蓟县县城莱德商厦发生一起火灾事故，造成 10 人死亡，16 人受伤。火灾事故原因是商厦一层东南角中转库房内空调电源线发生短路，引燃周围可燃物所致。

### 火灾原因

（1）日用品专柜上常展有指甲油、摩丝、发胶、气体打火机充气罐（丁烷）等易燃易爆危险物品。一旦有火源存在，极易发生燃烧，而且由于商品在货架、柜台上增大燃烧面积，火灾蔓延速度十分迅速。加上商场市场可燃易燃物多，火灾荷载大，一旦发生火灾，燃烧猛烈，损失惨重，还易造成房屋的倒塌而造成重大人员伤亡。

（2）服装专柜为了衬托服饰的特殊效果，要在柜台、橱窗等处安装众多的射灯、彩灯。射灯除采用冷光源，其他光源的射灯，表面温度都较高，足以将可燃物烤着。

（3）小规模、非标准化管理的商场（市场）管理不善，乱拉电线，在商场（市场）内违规吸烟导致火灾。

（4）服装、日用品专柜的商品，大多采用自选式货架、柜台或是悬挂展示在商场的空间，琳琅满目。由于商场的商品高度集中，开架售货又使可燃物的表面积大于其他任何场所，一旦失火，就会迅速蔓延。

## 处置对策

（1）初起火灾时火势小，燃烧面积尚未扩大，商场市场的员工或保安应抓住这一有利时机，利用移动式灭火器和固定灭火设施控制火势蔓延。

（2）同时尽快地启动自动喷水灭火系统，启动自动扶梯的水幕保护系统，组织力量利用室内消火栓，出水枪保护开口处，阻止火势蔓延。

（3）有条件时，组织人员将着火点周围的货架、商品移开，打一个隔离带，防止火势向周围蔓延扩散。

（4）开启防排烟装置排烟，适时关闭防火门，落下防火卷帘，尽量使火势不突破防火、防烟分区。在火势控制中，要注意防火卷帘的使用时机，防止卷帘使用过早，给疏散人员造成不利。

（5）商场市场的工作人员启动应急广播系统，稳定遇险人员情绪，指引人员疏散方向。同时，工作人员按预案有序展开疏散工作。对失去行动能力的遇险人员，如老弱病残或受伤人员，采取背、抬、抱等方法进行救助；对一时无法疏散的遇险人员，应为其提供简易的防护面具等。

（6）从外部利用消防梯、软梯以及救生绳索、救生气垫等营救被困人员；在楼层较低、待救人员较多的情况下，也可上抛救生绳，让其利用绳索自救。

（7）当疏散通道被烟火严重封堵且外部救人措施也无法实施时，可采取将遇险人员转移至屋顶、毗邻建筑的平台等相对安全区域等待救援。

 **预防措施**

（1）商场中如服装、化妆品等季节性很强的商品，因换季的要求商场会相应的换柜，每年的3月、4月或8月、9月是商店商品换季、换柜的时间。换柜构件应在场外制作就绪，严禁在安装现场使用电焊或气割，严禁在专柜上附设插座。

（2）组装专卖柜、换柜时应先向商店相关部门提出申请，经同意后在夜间商店停止营业期间施工，现场必须配置相应的灭火器材，并派专人到场防护。如情况特殊必须在店内动用电焊、气割或使用明火，必须报动火审批，办理动火证并采取相应安全措施。

（3）确保疏散通道畅通，严禁在楼梯、安全出口和疏散通道上设置摊位、堆放货物。商场市场内的商品、货物不得影响疏散通道和消防设施的使用，不得占用消防车通道、占用防火间距等。

（4）商店、市场应明确本单位的消防安全重点部位，建立定期的防火安全检查制度和每日防火巡查制度，至少每季度应进行一次防火安全检查，在营业期间的防火巡查至少每两小时应进行一次。对发现的火灾隐患，能当场整改的要当场整改，不能当场整改的，要制订整改方案，落实整改资金，确定负责整改的部门及人员，限定整改期限，认真抓好落实。

## 三、熟食品加工专柜起火

大型商场市场往往配置有熟食品加工专柜，供消费者方便采购。食品加工方法有煎、炒、炸、炝、烘、烤、熏、干煸、干烧、酥炸等近 40 种方法，大部分方法需要加热，多数使用明火，特别是加工工艺中的烘烤、油炸、炒制、熬炼等具有较大的火灾危险性。大部分食品原材料及中间产品是可燃物品，有的易形成爆炸性粉尘，有的还属易燃易爆危险化学品。

**案例回放**

**案例一**：1993 年 2 月 14 日 13 时 15 分左右，唐山市东矿区商业局所属的一幢 3 层高、营业面积 2 980m² 的林西百货大楼发生火灾。火灾是因施工人员违章使用电焊溅落的火花引燃海绵床垫引起的。火灾共造成 81 人死亡，54 人受伤，直接财产损失 400 余万元。16 名消防官兵在灭火战斗中受伤。火灾中，一位着火时正在 3 层购物、名叫刘丽英的妇女神奇般地逃了出来，仅腿部受了一点轻伤。当她发现楼梯口浓烟翻滚、全楼一片混乱时，既没有站着跑也没有从 3 层跳下，当即趴倒在地，顺着楼梯匍匐爬到 2 层，拼着最后的力气扑到窗口纵身跳下。虽然受了点伤，却捡回了一条命。

　　**案例二：** 2000 年 4 月 22 日，中粮畜禽肉食品进出口公司青岛丰旭实业有限公司青州分公司的食品加工车间发生特大火灾，过火面积达 5 000 余 m²，造成 38 人死亡，20 人受伤。火灾事故是因肉食鸡加工车间封口包装工段吊顶内日光灯镇流器发热引燃聚氨酯保温材料造成的。起火后火势迅速蔓延，并产生大量一氧化碳、氯化氢、氰化氢等有毒气体，断电后车间漆黑一团，加之车间门上锁，严重影响了员工的安全疏散，致使 38 名工人因吸入有毒烟雾窒息死亡。

 **火灾原因**

　　（1）熟食品加工中要使用大量食用油如葵花子油、豆油、玉米油、棉子油、芝麻油及亚麻油等，这些食用油含有大量不饱和脂肪酸，易发生自燃。

　　（2）食品的熟化过程使用明火、电加热或其他加热设备实现焙烤、熏制、油炸等工艺。广泛使用电、燃油、燃气加热，会因燃油、燃气泄漏而引发火灾或电气故障引发火灾。

　　（3）商场熟食加工用烘烤炉常用燃气、燃料油等易燃易爆危险品加热，发生燃气火灾与爆炸的危险性相当大。

　　（4）熟食品加工专柜常用聚乙烯、聚丙烯等塑料、铝箔复合薄膜、纸质复合包装材料等易燃可燃材料做包装，封装的方式主要有热板、脉冲、高频、超声波热封等方法，如操作不当会引起包装材料的燃烧。

　　（5）熟食品加工专柜的电器设备如电动机、电热炉等，在过热的状态下都是潜在的点火源。远红外、微波加热干燥设备的发展和应用，大量大功率的电热设备应用越来越广泛，电气火灾成上升趋势。

## 处置对策

（1）熟食品加工专柜中的食用油起火时，不要向着火的油面倒水，否则冷水遇到高温油，会使油火到处飞溅，导致火势加大，人员伤亡。可以使用干粉灭火或是用覆盖法灭火。

（2）在熟食加工中用来加热的气罐着火时，应当在用水冷却的过程中关闭阀门，可以用浸湿的被褥、衣物、毛巾保护双手来关闭阀门。

（3）熟食品加工中的烘烤机或微波炉等电器突起火时，应迅速拔下电源插头，切断电源，防止灭火时触电伤亡；用棉被、毛毯等不透气的物品将电器包裹起来，隔绝空气。

（4）当熟食加工中的油燃料着火时，应当用油品灭火的方法灭火，同时要注意流淌油，要防止流淌油造成的二次伤害。

## 预防措施

（1）保持焙烤设备的清洁。焙烤一般使用远红外和微波加热，当物料的掉落物清扫不及时不干净时，物料在加热炉中长时间加热，易引起加热物料燃烧。应经常清扫焙烤设备。

（2）油炸操作过程中要控制油温，防止油温达到油的闪点，油炸中的油温一般能达 160℃ 以上，有时高于 200℃，甚至高达 230℃，一般超过或接近油的闪点，火灾危险性较大。

（3）熟化设备在使用前要认真检查其安全状况，发现故障要及时维修，在停电或使用完后，必须切断电源，避免在无人看管的情况下电烤箱处于工作状态。

（4）应根据熟食加工用电设备的负载，正确选用导线，严禁导线过载供电。一般大功率的设备如烤箱宜采用单独的线路供电，并要装合适的开关和熔断器。

**温馨提示**

（1）火灾初期，室内外楼梯、自动扶梯、消防电梯都是很好的逃生通道，但不要乘坐普通电梯逃生。

（2）发生火灾后，可利用商场物资自制器材逃生。如结绳自救，或进行自我保护。

（3）可利用商场的落水管及其他突出部位、各种门窗以及建筑物的避雷网进行逃生。但不可盲目行事，否则易出现伤亡。

## 四、货仓、杂物间起火

商场的商品周转很快，除了大量陈设在柜台内、货架上供顾客选购外，往往在每个柜台的后面还设有各自的小仓库，形成了"前柜后库"，甚至"以店代库"，在过道上也堆满商品的局面。尤其是租赁给个人的柜台更是如此，致使商场内又储存了大量的商品。一旦发生火灾，会造成严重损失。此外，商场内的柜台、货架不少也是可燃材料制作，这些柜台、货架虽然分组布置，但距离一般都比较小，基本上毗连成片。

## 案例 回放

2004 年 2 月 15 日，吉林市中百商厦发生新中国成立以来吉林省死伤人数最多的一次特大恶性火灾事故，54 人罹难，70 人受伤。火灾事故原因为吉林中百商厦伟业电器行的于红新像往常一样把纸箱拿到商厦楼外北侧的 3 号简易仓库里存放。途中，他点燃了一根香烟。来到仓库，于红新把纸箱扔在地上，一个不留神，嘴上叼着的香烟掉在了堆满纸壳的地上。未熄灭火的火星点燃可燃物引发起火，火势从仓库向商厦蔓延成灾。

## ? 火灾原因

（1）货仓、杂物间，易燃可燃物多，堆放杂乱无序，管理比商场本身松懈，往来人员多，出入频繁，不易控制，人为原因带来的火种较多而引发火灾，如烟头、飞火等将其点燃。

（2）消防安全管理不到位，通过商场货仓、杂物间的电气线路疏于维护，电线绝缘老化无人问津，致使线路故障引燃可燃物引发火灾。

（3）货仓、杂物间堆放杂物时都没有进行分类，各种物品、杂物堆积在一起，也会发生自燃火灾。

## 处置对策

（1）货仓、杂物间的初起火灾由于火势小，着火面积不大，扑灭起来相对比较容易，在火情发生后还未扩大蔓延成大灾的情况下，可用一般轻便器材如石棉被、灭火器等将其扑灭。

（2）从火灾统计的情况看，货仓、杂物间的火灾大多发生在没有人的时候，当人们发现其着火时火已经猛烈燃烧。一旦出现这种情况应立即报警，争取消防队最早到达灭火。

（3）如果货仓、杂物间是独立的，应当关闭防火门，防止火势蔓延，把火灾控制在最小范围内，应采取一切可能的措施扑灭初起火灾。

（4）货仓、杂物间着火后，如果不能把初起火灾扑灭，商场在组织场内人员疏散的同时，应当组织保安力量，利用商场设置的消火栓系统，控制火势从商场货仓向其他方向蔓延。

（5）如果商场是在地下，要立即配合工作人员关闭空调系统，停止送风，防止火势扩大。同时，要立即开启排烟设备，迅速排出地下室内烟雾，以降低火场温度和提高火场能见度。

## 预防措施

（1）严禁在商场货仓、杂物间内吸烟、使用明火和携带火种进入，应设置明显的告示牌。货仓、杂物间门口及通道不得堆放物品，保持畅通无阻。

（2）货仓、杂物间内的照明灯具及线路必须按照规范由正式电工安装、维修。禁止乱拉临时电线。发现线路老化等问题要及时更换。

（3）要根据货物的不同性质分类、分库存放。性质不同、灭火方法不同的货物不能在同一货仓、杂物间混存。

（4）经常对货仓、杂物间进行检查，把货仓、杂物间纳入到消防安全巡查范围内。如有保管人则须要求其每天下班前要进行防火安全检查，确无问题，关闭电源后方可锁门离开。

（5）货仓、杂物间内不得使用电炉、电取暖器、电熨斗、电烙铁等电器设备。

# 第七章　高层建筑火灾

　　10 层及 10 层以上的居住建筑（包括首层设置商业服务网点的住宅）和建筑高度超过 24m 的且为 2 层以上的公共建筑为高层民用建筑。高层民用建筑层数多、功能复杂，尤其是综合性的高层建筑物，既有办公场所，又有超市、商场，还有餐饮、娱乐场所和住宿用房、车库等。一栋高层建筑往往都有成千上万人在其中工作、生活和消费。由于单位多、人员密集、垂直疏散距离长，一旦发生火灾，人员疏散和火灾扑救十分困难。

## 一、高层写字楼起火

**案例回放**

　　2009 年 2 月 9 日 20 时 27 分，北京市朝阳区东三环中央电视台新址园区在建的附属文化中心大楼工地发生火灾，北京市 119 指挥中心接到报警后，迅速调派 27 个中队、85 辆消防车，共 595 名消防官兵前往现场扑救。北京市委、市政府立即启动应急预案，现场设置应急指挥中心。该建筑高 159 m，为钢筋混凝土结构，分为演播大厅、数字化处理机房和北京文化东方酒店三部分。东、南两面着火，火势有 80 ～ 100 m 高。火灾原因为业主单位不听治安民警劝阻，违法燃放烟花所致，火灾共造成 1 人死亡和 7 人受伤。起火的文化中心大楼地上 30 层，地下 3 层，建筑面积 10.3 万 m²，火灾造成文化中心外立面严重受损，给国家财产造成严重损失，文化中心大楼于 2005 年 5 月正式动工，整体工程预算高达 50 亿元。

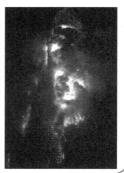

 **火灾原因**

（1）高层写字楼，承租入住的业主更换频繁，办公设备和生活用具的设置局部变化大。随之而来的是配电线路越来越多，这直接导致了楼层用电负荷的增加，常常过载运行，引发线路故障，如产生电火花、电弧或引起电线、电缆过热，造成起火，或者导致线路绝缘层老化发生漏电打火，形成火灾。

（2）高层写字楼里入驻单位多，大楼出入人员多，对外接触频繁，导致对大楼内人员管理困难，常出现人员擅自在不允许吸烟的地区吸烟，吸烟不慎而引起的火灾是高层建筑火灾最常见的原因。

（3）有些高层写字楼分属不同的产权单位，建筑内产权单位众多，火灾隐患整改难度大。各单位各自为政，当造成诸如潜在危险源、消防通道不畅通、消防设施设备缺失、瘫痪等火灾隐患时，整改经费难以落实，火灾隐患整改难度大，极易发生火灾事故。

（4）高层写字楼内承租户更换频繁，根据用户自己经营、使用的需要伴随着新的装修。由于入驻单位一般为降低成本，很少采用耐火装饰而采用大量的木夹板、木龙骨和化工材料来搞室内装修，增加了火灾发生的危险性，易引发火灾。

## 处置对策

（1）就地取材扑灭初期火灾。虽然高层建筑里的场所门类多，但是刚开始着火时火势不大，只要方法得当，沉着应对，现场的人员均有能力应对。开始着火时现场人员或发现火灾的人员可就地取材实施灭火，如办公室着火，可以就近取饮水机上的桶装水灭火，火势很小时也可以用覆盖物覆盖灭火。

（2）利用灭火器灭火。当火势有所发展，就地取材不能灭火时，应当立即采用灭火器灭火。高层建筑均配置有灭火器，一般情况 ABC 干粉灭火器占多数，有专门的灭火器放置点或灭火器箱，取用很方便。在使用灭火器喷射灭火时，应当让灭火剂喷射流从火焰的根部逐步覆盖着火面积。

（3）利用消防软管（消防水喉）灭火。消防软管是装配在消火栓箱里的，专门供女性等较弱体力的人使用的灭火设施，由卷盘、软管和水枪组成。使用时可抓住水枪直接拉到起火部位，开枪出水灭火。

（4）利用消防栓灭火。高层建筑按要求配置有相应的消火栓，是扑灭初期火灾的有效灭火设施。消火栓一般设置在消火栓箱内，由消火栓接口、水带和水枪组成，使用时将水带和水枪连接后接在水火栓接口上，开接口阀门出水灭火。具有出水快、水量大、灭火效果好的特点。

（5）利用自动灭火系统灭火。高层建筑都设置有自动灭火系统，其主要功能是火灾发生但是没有被人发现、火灾还在初期阶段时，它自动感应到火灾，自动起动灭火。在高层建筑火灾预防和火灾扑救中起着十分重要的作用。由于是自动系统，平时应进行有效地维护保养，保证其能正常运行。

 **预防措施**

（1）保证避难层能在火灾中发挥作用。根据高层建筑火灾发生后火势发展快、逃生扑救困难、外部救援力量介入困难等特点设置了避难层，避难层具有防止火苗及有毒烟气侵入的功能，火灾发生时被困人员可以疏散到避难层逃生。然而因火灾的偶然性，也就是说一个设置有避难层的高层建筑可能经十多年或几十年没有着过火，随之避难层也在闲置。这样就会出现避难被挪作他用，如堆放杂物甚至改作经营场所，避难层里设置的消防设施遗失或损坏没人维修或更换。当火灾发生时，被困人员不能疏散到避难层或到了避难层不能阻止火灾侵袭，造成重大人员伤亡。

（2）保证疏散通道畅通无阻。疏散通道是火灾发生时的生命通道，要保持疏散通道的畅通无阻，不得放置杂物在疏散通道里，常检修楼梯和走道口设置的防火门，检查防火门的闭门器，让火灾发生时能正常使用，防止烟气流进疏散通道当中来。经常检查设置在楼梯或走道内的疏散指示标志和应急照明，在火灾中常用电切断后能指引人员逃生。

（3）加强用火用电管理防止火灾发生。高层建筑中应选择安全可靠的燃气设备与电气产品，电热丝或明火裸露在外的电器与燃气设备不宜使用，进行施工、维修明火作业，要经过严格审批方可动工，施工作业应有专人监护。制定严格的火、电、气的安全操作规程及管理制度。设置专门的吸烟区，减少吸烟带来的火灾风险。

（4）控制高层建筑内可燃物的数量以降低火灾荷载来减小火灾风险。高层建筑火灾通常是办公用品或设备及存储的商品、家具、床上用品以及可燃装修材料引发。要控制室内装修可燃材料的数量，尽可能推广使用难燃、不燃材料，对易燃材料要作阻燃处理。同时尽量减少高层建筑内存放的可燃物品的数量，不能减少的要采取相应的防火保护措施，降低场所的火灾危险性。

（5）严格按要求配置消防设施和器材并保持其能有效运行。高层建筑火灾扑救难度大、人员疏散困难，一般情况要立足于自救，所以在高层建筑的设计施工过程中要严格按规范要求配置火灾自动报警系统、自动灭火系统、防排烟系统、消火栓系统等灭火设施，在日常的经营中要经常对这些灭火设施设备进行检验检查，保证其能在发生火灾时正常运行。

（6）建立完善高层建筑的消防安全管理。要定期开展消防宣传教育活动，利用保安力量组织高层建筑内部消防安全组织，每日进行防火巡查，要及时发现整改火灾隐患。在火灾情况下，负责维持现场秩序、负责组织引导被困人员安全疏散以及对负责扑救控制初期火势等。

 温馨提示

高层建筑发生火灾后往往火势蔓延速度快，火灾扑救难度大，人员疏散困难。在高层建筑火灾中被困人员的逃生自救可以采用以下几种方法。

（1）高层建筑一般装有火场广播系统。当某一楼层或楼层某一部位起火，且火势已经蔓延时，不可惊慌失措盲目行动，而注意听火场广播和救援人员的疏导信号，从而选择合适的疏散路线和方法。

（2）尽量利用建筑内部设施逃生，能利用的内部设施有消防电梯、防烟楼梯、普通楼梯、封闭楼梯、观景楼梯进行逃生。还可以利用阳台、通廊、避难层、室内设置的缓降器、救生袋、安全绳等进行逃生。

（3）高层建筑发生火灾时，由于楼层高外部救援力量受限，应当有效利用高层建筑内防烟楼梯和封闭楼梯进行疏散，防烟楼梯和封闭楼梯是设置于高层建筑内的固定安全疏散设施，其配套有防火门、疏散指示标志和火灾应急照明。楼梯疏散时，应靠一侧有序地撤离，行进中避免出现拥堵、挤撞甚至相互踩踏等情况，与向上行进的消防救援人员相遇时，要主动避让。

（4）利用高层建筑内的避难层（间）逃生，建筑高度超过100m的公共建筑，都应设有避难层（间），两个避难层相距不能超过15层。当火灾发生后，被困人员无法及时向着火层以下安全区域撤离时，可就近进入避难层（间）内避险，这样在短时间内就可避开高温浓烟和火势的威胁。

（5）向屋顶疏散等待救援。被困人员无法利用高层建筑安全疏散设施撤离时，楼顶平台是一个暂时、相对有效的避难场所。被困人员疏散到楼顶平台上要及时报警，向消防救援人员明确自己的位置，说明平台上人员数量，烟火对其威胁程度等具体情况，等待直升机前来救援。当直升机到达楼顶平台抢救疏散人员时，切不可无序争抢登机，要在救援人员的具体指挥下有序登机，确保安全。

## 二、高层公寓起火

**案例一：** 2010 年 11 月 15 日，上海静安区一栋公寓因在维修时电焊工违章操作引发火灾，造成 58 人死亡，71 人受伤的特大火灾事故。

**案例二：** 2010 年 8 月 9 日凌晨 4 时 27 分，重庆市渝中区 1 座 29 层的居民楼发生火灾，火势从居民楼 7 层开始向上蔓延，冲上了 29 层顶楼，经过 280 余名消防官兵近 4 个小时的奋战，火基本被扑灭。消防官兵共搜救出被困群众 100 余人，疏散群众 400 余人，无人员伤亡。但住户财产损失惨重。

### 火灾原因

（1）高层住宅楼以家庭为单元，住户集中，每个家庭的用火用电也集中，容易形成火灾隐患。电器老化或损坏、厨房用火不慎、吸烟引起床被窗帘等家庭火灾是引发高层住宅火灾的主要原因。而高层住宅一旦发生火灾，人员逃生和灭火救援都非常困难。

（2）高层住宅大量使用易燃可燃保温材料作外墙保温处理，增加了火灾荷载。当它遇到点火源时极易引发火灾，并会迅速形成立体燃烧，扑救难度极大。

（3）在节假日或大型社团活动仪式等活动中燃放烟花爆竹，也常引发了高层住宅外墙大面积起火。

（4）高层住宅住户对自己房子的装修以及整个高层住宅的外装修没有做好消防安全管理，因此在装修施工过程中易引发火灾。

## 处置对策

（1）高层住宅住户在日常家居发生火灾时，要参照家庭初起火灾扑救的方法进行扑救（在第二章中介绍）。同时迅速报警，不能有家丑不可外扬的想法不报警而贻误救援。

（2）住户家里起火后，不能用自己的力量扑灭初起火灾时，在报警的同时应当迅速离开房间，把家门关上，如果高层住宅里安有自动报警系统则应立即按下火灾报警按钮，没有自动报警系统的则想办法通知楼上楼下的邻居，切不可只顾自己逃跑。

（3）当高层住宅发生火灾时，被困人员应当在第一时间乘坐消防电梯疏散逃生。消防电梯是专门为火灾发生时供被困人员逃生的疏散设施，有专门的防火设计，火灾时被困人员应当选择消防电梯进行撤离疏散。当消防电梯因被占用等原因无法乘坐时，可乘坐其他安全部位的电梯进行撤离疏散，但乘坐非消防电梯逃生时应有安保人员、警察和消防救援人员维持秩序的电梯，以便安全顺利地求生避险。

（4）原地呼救等待救援。在高层建筑中被火包围，被困于户内，无法疏散逃生时，应想办法向外边发出信号，寻求救援。向外高声呼救是一种有效的途径，当呼救无济于事时，可用竹竿等物挑起鲜

艳衣服摇晃或向外抛轻型显眼的物品。如果是在夜间，可以打开手
电筒等发光物向外边发出信号，提示救援人员，以便被救出。我国
城市公安消防部队配备的，用于灭火和应急救援的登高平台和云梯
消防车的高度有 22m、53m、54m、72m 等多种。只要明确被困人
员位置，是有可能通过消防力量获救的。

 **预防措施**

（1）高层住宅物业应结合每户内部建筑构造、装饰布置、人口
年龄结构等特点，定期将消防安全培训引导至每户人家中，有针对
性地对每位成年人讲解家庭消防安全知识，强调火灾的危害及防火
的重要性，使其掌握扑灭初起火灾、火场逃生等消防安全技能。

（2）有条件的家庭可以在自己家增设消防设施设备，如在住宅
的厨房和入户门附近设置简易自动喷淋系统，因为厨房是住宅中火
灾危险性最大的地方，而入户门是火灾蔓延出户的重要途径。

（3）在高层住宅家居时，不要躺在床上、沙发上吸烟，不要在
酒醉后吸烟，防止在神志不清时烟头引燃可燃物。不乱扔烟头、乱
磕烟灰，不把引燃的烟头随处乱放。卧床的老人或病人吸烟，应有
人照看。

（4）注重厨房炊事的消防安全和家用电气的消防安全，做到厨
房炊事随时有人在，家用电器、燃气用毕关电、关气。

（5）维护和保养好高层住宅里的消防设施、设备，各住户平时
在日常家居中做到不破坏、不挪作他用，保证楼内消防安全设施、
设备完整好用。

## 三、高层宾馆客房起火

    2011年7月10日广西北海市区的一家宾馆8层一间客房突然起火，一对从广西柳州到北海办事的父子被困房内。经过当地消防官兵的紧急救援，儿子成功逃生，父亲被救出送往当地医院救治，宾馆内28名房客被成功疏散。当天早上7时左右，

804号房起火，父子俩都闻到有焦臭味，起床发现大量烟气弥漫在自己房内，父亲急忙躲进卫生间，儿子此时听到有人敲房门，以为有人来救援，打开房门时却有一股浓烟扑面而来，幸好此时消防官兵赶到，遂向消防官兵求救，得以逃生。

### ❓ 火灾原因

    （1）高层宾馆客房常因顾客吸烟乱丢烟头、火柴梗引燃可燃物引发火灾。发生火灾的时间一般在夜间和节假日，尤其是旅客酒后卧床吸烟，引燃被褥及其他棉织品等发生的事故最为常见。

    （2）高层宾馆客房里的房客违规使用电热器具进行取暖，常因电热器具烤着可燃物引发火灾。

    （3）房客带来的小孩玩火引发火灾。

    （4）客房装修中，施工单位消防安全管理不到位，违规动火动

电，如电焊、切割等引发火灾。

## 处置对策

（1）房客发现客房发生起火，有能力则利用客房外通道上的灭火器进行灭火，同时可以按火灾报警按钮。没有能力或灭不了火，则立即撤往室外安全地点，过程中应按火灾报警按钮，找不到报警按钮则立刻向楼内的工作人员报警或打电话给"119"报警。切不可自己悄悄逃走而不通知他人。

（2）客房部员工应根据平时预案演练，立即组织引导房客进行安全疏散，把房客疏散至安全区域，并配合总服务台工作人员准确统计撤离人数，安抚客人情绪。

（3）宾馆安保人员应当迅速反应，根据平时的灭火演练投入到初起火灾的扑救。同时按响自动消防报警按钮，启动楼内的自动消防设施。

（4）扑救初起火灾时，不能独自一个人实施，严禁单兵作战，要彼此相互照应，随时保持联系，当火势发展迅猛、蔓延扩大时应当及时撤离危险区域。

## 预防措施

（1）客房内除了固有电器和允许旅客使用的电吹风、电动剃须刀等日常生活的小型电器外，禁止使用其他电器设备，尤其是电热设备。

（2）客房内部有装饰材料应采用非燃或难燃材料；窗帘、墙布等一类的丝、棉织品应进行防火阻燃处理。

（3）严禁旅客及来访人员将易燃易爆物品带入宾馆；凡携带易

燃易爆物品的旅客，应要求其立即交服务员专门储存、妥善保管。

（4）客房内应配有禁止卧床吸烟等安全标志及应急疏散指示图。同时要在宾馆内部一些重要的人员较多的部位张贴醒目的疏散线路图和设立安全标志。

（5）客房服务员在整理房间时，要仔细检查，烟灰缸内未熄灭的烟蒂不得倒入垃圾袋（箱）；平时应不断地巡视查看，发现隐患要及时采取措施；对酒后旅客应特别注意。

## 四、高层餐厅起火

餐厅是高层建筑中人员比较集中的场所，一般有大小宴会厅，中西餐厅、咖啡厅、酒吧等，有的还会设有几个风味餐厅。厨房内设有冷冻机、绞肉机、切菜机、烤箱等多种机电设备；出于功能和装饰上的需要，其厅内有较多的装修及空花隔断等，致使可燃物数量很大。有的餐厅，为了增加地方风味和创造幽雅环境，临时使用较多的明火，如点蜡烛增加气氛。一旦疏忽大意，餐厅就会发生火灾事故。造成重大损失，甚至出现群死群伤。

**案例回放**

2012 年 10 月 23 日 16 时左右，广州市中山五路五月花广场 8 层某餐厅突然冒出滚滚浓烟，三台消防车和一辆救护车随即赶到现场，在 8 层以上办公的上百名公司员工随后被紧急疏散到楼

下。该起事故是由该餐厅厨房炉灶制作食物时高温造成油烟管内油渍阴燃并产生大量浓烟所致，事故无明火，未造成人员伤亡。100多名在9层以及9层以上的公司员工急匆匆拿着笔记本电脑从消防通道跑下来。

 **火灾原因**

（1）在厨房中使用食用油进行烹调时，操作不当，油遇明火燃烧，引燃油烟管道或其他可燃物引发火灾事故。

（2）由于厨房湿度大，油垢附着沉积量较大。加之温度较高，容易使一般塑料包层和一般胶质包层的电线绝缘层氧化，发生电气线路故障引发火灾。

（3）厨房内的电器、电动厨具设备和灯具、开关等，在大量烟尘、油垢的长期作用下，也容易搭桥连电，形成短路打火，引起火灾。

（4）抽油烟机罩长期没有清洗，积油太多，翻炒菜品时，火苗上飘，吸入烟道引起火灾。

**处置对策**

（1）就餐人员发现餐厅起火，应当迅速撤离并报警，可以按火灾报警按钮或向餐厅工作人员、保安人员报警。切不可站在原地看热闹，一旦火势猛烈再想出逃已来不及。

（2）餐厅发生起火时，服务人员应当立即关闭电气开关和燃气阀门，立即按下火灾报警按钮或向总机打电话报警，并按照平时预案演练的方案，组织疏散就餐人员。

（3）消防控制室值班人员接到手动报警信号或其他人员的电话报警后，立即开启火灾应急广播，并通过电梯对讲机通知电梯中的乘客按下最近楼层的按钮待电梯门打开后迅速撤离电梯，从紧急通道撤离。

（4）在疏散逃离火场的过程中要相互帮助、共同逃生。要沉着冷静不惊慌以防拥挤踩踏，对老、弱、病、孕妇、儿童给予帮助，一起逃生。

 **预防措施**

（1）餐厅应严格按照规范要求安装电气线路，不得乱拉乱接临时线路，如需要增添照明设备或其他设备，应按规定安装。

（2）餐厅应根据设计用餐人数摆放餐桌，留出足够的通道；通道及出口必须畅通；发生火灾事故时，保证就餐人员能够安全迅速撤离，不被桌椅绊倒。

（3）餐厅内设有消防安全标识提醒，应多处存放烟灰缸，以方便客人扔放烟头和火柴梗。

（4）厨房内易燃气体管道、法兰接头、仪表阀门必须定期检查，防止泄漏；发现泄漏，立即整改。

（5）工作结束后，操作人员应及时关闭厨房的所有阀门，切断电源、气源和火源后方可离开。

# 第八章　农村火灾

　　近年来，农村经济建设得到了迅速发展，农民生活水平有了较大提高，但不容忽视的是，农村经济的快速发展与农村的消防安全现状极不协调。农村消防基础非常薄弱，火灾隐患大量增加，农村火灾频繁发生。农村火灾，特别是火烧连营的重特大火灾，往往一起火灾就使数十、数百农户由温饱、小康重返贫困。这些重特大火灾事故对生活水平本来就低的农民来说，无疑是雪上加霜，对脆弱的农村经济来说，是沉重的打击。在农村地区已经成为制约经济发展、威胁农民生命和财产安全的恶源。因此农村火灾事故的应对与救助，成了困扰社会主义新农村建设的主要问题之一。

## 一、民房火灾

　　农村建筑多数为砖木、土木和石木结构，其门窗、屋架有的是木制材料制成，且有的内隔墙，楼梯、楼板也是使用木材等可燃材料，多数农民在室内和房前屋后堆放较多的柴火稻草，易引发民房火灾。农村发生火灾后，火势迅猛，极易酿造大面积火灾，因此农村各级组织应加强农村火灾扑救的研究和宣传，科学扑救，减少火灾造成重大财产损失和人员伤亡。

**案例回放**

　　**案例一**：2009 年 7 月 23 日 16 时 10 分左右，福建建阳市小湖镇下乾村将军坪一民房发生火灾，烧毁 4 栋民宅及建筑内生活、家居用品，9 户居民受灾，过火面积约 2 100m²，火灾直接财产损失 25.44 万元。经调查，起火原因为建阳市小湖镇下乾村将军坪一村民烘烤莲子时，炉火引燃周边可燃物引发火灾。

　　**案例二**：2004 年 4 月 29日，云南省宣威市田坝镇中和村委会红旗村发生民房火灾，58 户的小村庄，烧毁房屋 48间 1 680m²，受灾 28 户 124 人，直接经济损失 261 179 元。

　　**案例三**：2004 年 5 月 8 日16 时 30 分，云南省丽江市宁蒗县永宁乡拖支村日古鲁组发生火灾，烧毁房屋 12 间，烧死 1人，烧伤 1 人。

**火灾原因**

（1）电气线路。电气线路在设计安装过程中，没有根据住宅内用电总负荷合理选择相应的导线型号、截面积，线路的敷设方式不规范，在长期使用过程中发生短路、超负荷和漏电，引发火灾。

（2）家用电器。一是用户在使用电器产品时，没有按照产品说明书进行操作，家用电器发生故障后长期带病运行，没有及时维修排除故障；二是部分假冒伪劣电器产品和不合格的家电产品在使用中发生火灾；三是使用大功率的空调、电烤箱、电熨斗等电热设备时，无人看管，引燃周围可燃物；四是照明灯距离可燃物太近或者将镇流器直接安装在可燃材料上，引起火灾。

（3）厨房用火不慎。使用煤气灶、液化石油气灶时不慎着火；家庭炒菜炼油时油锅过热起火。

（4）生活、照明用火不慎。农村村民夏季用蚊香驱蚊，由于蚊香摆放不当而招致火灾；停电时，有些农民用蜡烛照明，点燃的蜡烛过于靠近可燃物，燃烧蔓延成灾。

（5）吸烟不慎。在家中乱扔烟头，致使未熄灭的烟

头引燃家中的可燃物；由于酒后或睡觉躺在床上、沙发上吸烟，烟未熄灭人已入睡，结果烧着被褥、沙发，造成火灾。

（6）儿童玩火。儿童玩火的常见方式有在家中玩弄火柴、打火机，把鞭炮内火药取出，开煤气、液化气钢瓶上的开关等。

（7）人为纵火。百姓生活，难免磕磕碰碰有口角之争，如果相互之间不能宽容一点礼让三分，势必结怨，此时一些愚昧、自私、狭隘而又缺乏法律知识的人就会放火泄愤。

## 处置对策

农村民房火灾多发生在夜间或村民出工的时候，火灾发现晚、报警迟。加之农村距消防队一般都比较远，接警后消防队很难及时到达现场灭火。对于农村民房火灾，一般应立足村民自救，

通过周围村民的协同配合，尽可能地消灭或阻止火势，为消防队到场灭火赢得时间。这就要求村委会在村民中宣传消防知识，普及火灾扑救的常识，着力提高村民灭火自救的能力。民房火灾的扑救应把握以下方面。

（1）对单独的农村住宅火灾，应采取正面出击，直接消灭火点，用快攻近战的方法迅速消灭火势。

（2）对农村院落住宅火灾，应采取边控制，边消灭的战法，控制火势蔓延，消灭火势。

（3）对农村村寨住宅火灾，应采取保护重点，下风堵截或进行破拆，阻止火势蔓延，分片消灭的措施。

（4）在水源缺乏、消防力量不足，火势难以控制，将造成重大损失时应采取破拆措施，阻止火势蔓延。

总之，农村火灾火场偏僻，扑救艰难，灭火中要充分发挥农村人员密集，亲朋好友多，村民人心齐的特点，积极抢救物资，科学扑救火灾。

温馨提示

## 民房火灾扑救注意事项

（1）消除火场危险炸弹。很多村民已经使用上了液化石油气，火灾扑救中应先行搬除这些火场的危险炸弹。

（2）防范民房侧墙坍塌。农村的砖木结构和土木结构等民房火灾扑救中，扑救人员应防范建筑中可燃的梁、柱、楼板、门窗等构件燃烧后失去承重能力发生坍塌。

（3）防止飞火造成威胁。土木类结构民房火灾后易产生"飞火"，扑救人员在现场要随时侦察，及时发现并防范，以免"飞火"引燃衣物、头发或造成新的起火点，人身安全受到威胁。

（4）防止砸伤、刺伤、摔伤。扑救人员进入着火民房内灭火时，应紧靠墙角，沿着墙边逐步推进，防止屋顶燃烧物掉落砸伤，防止脚下木炭灼伤双脚及铁钉刺伤脚底。

## 二、农村炉灶烟囱火灾

炉灶是人们日常生活常用的加热设备，做饭、取暖、烘烤等都离不开它。炉灶的使用涉及千家万户，因炉灶烟道设置使用不当、余火复燃等生活用火不慎原因造成火灾也占相当大的比例，所以必须重视炉灶、烟囱引发的火灾扑救。

**案例回放**

**案例一：**浙江瑞安市塘下镇场桥办事处五方村一住户外出后，其后房的燃气灶起火，邻居发现后利用脸盆等工具，将水猛泼进去灭火。由于扑救及时，损失不大，也没有人员伤亡。

**案例二：**2000年12月31日13时45分，贵州锦屏县彦洞乡彦洞村由于炉灶余火发生火灾，受灾193户，烧毁房屋198栋、649间，粮食18万kg、电视机89台，烧死生猪86头。直接财产损失135万元。

**火灾原因**

（1）炉灶、炉体或金属烟筒表面的辐射热烤着附近的可燃物。

（2）炉灶、火炕（墙）烟囱内窜出火焰、火星引燃附近的可燃物。

（3）炉灶燃烧的煤、柴碎块落到炉灶外面，引燃周围的可燃物。

（4）在火炉旁烘烤衣物，或使用汽油，煤油等易燃液体引起火灾。

（5）将未熄灭的炉灰倒在地面可燃物上，或被风刮到可燃物上起火。

（6）火炕烧得过热，烤燃炕席、被褥、衣物等。

 **预防措施**

（1）砌筑炉灶、烟囱时，要选择合适的建筑材料，一般在黏土内要掺入适量的砂子，防止高温引起开裂漏火。

（2）烟囱在闷顶内穿过保温层时，在其周围 50cm 范围内应用难燃材料做隔热层。

（3）火炉周围不要堆放柴草等可燃物质，不得在炉筒上烘烤衣物，周围要备有适量的消防用水。

（4）使用炉灶时，严禁用汽油、煤油等易燃液体引火。

（5）煤、柴炉灶扒出的炉灰，最好放在炉坑内，如急需外倒，要用水将余火浇灭，以防余火燃着可燃物或"死灰复燃"，造成火灾。

（6）在柴草较多、居住密集的城镇和村屯以及靠近林区容易酿成大面积火灾的地方，要严防炉灶、烟囱逸出火星造成火灾，可在烟囱或炉膛眼上加防火帽或挡板，以熄灭火星。

## 处置对策

（1）农村炉灶烟囱发生火灾时，村民应尽快熄灭火源，搬离炉灶烟囱附近的可燃物，防止引发新的起火点。

（2）当炉灶烟囱火势不大时，村民可利用家中生活的储备水以及其他可以灭火的设施扑灭火势。当火势较大时，应组织村委会义务消防队参与火灾扑救。

（3）火灾扑救中，应防止烟囱飞火引发新的起火点。

## 三、堆垛火灾

农村火灾中有相当一部分是堆垛火灾。农村堆垛主要是用来储存木材、稻草等物品的简易场所。

**案例回放**

　**案例一：** 2010 年 4 月 3 日 19 时 8 分，甘肃酒泉西峰乡侯家沟三队发生麦、草场火灾，火势猛烈，火焰足有 3 层楼高，经过消防中队和村名的共同扑救，控制了火势向农舍后院的蔓延，保住了多家农民房舍。

案例二：2009 年 6 月 18 日 18 时 3 分，吉林江源消防大队接到报警：三岔子镇育林村三队一木材堆垛发生火灾，火势燃烧猛烈，直接威胁着附近的民房。消防官兵到场时，火势正处于猛烈燃烧阶段，经火场观察，起火点是木材堆垛，周围有几户民房。经过消防官兵的奋力扑救，保住了周围的几户民房，把损失降到了最低点。

 **火灾原因**

（1）违章吸烟引起火灾。露天堆场通常是一个物流、人流较多的场所。收购、搬运、值班人员中吸烟会引起火灾。

（2）自燃引起火灾。露天堆垛的有些原料如棉花、草苇、麦秸等都是能够自燃的物质。这些原料会发生纤维分解，猛烈氧化而释放大量的热导致自燃。

（3）放火引起火灾。综合近年来露天堆垛放火案件，其主要原因一是故意破坏放火；二是报复性放火；三是骗保放火；四是精神病放火。

（4）外来火源引起火灾。由于堆场布局不合理，靠近生产区、生活区、公路，外来烟囱飞火，汽车排出的火星等引起堆垛着火。

**处置对策**

堆垛场所一般储存可燃物数量多，堆垛体量大，堆垛间距小，堆垛在发生火灾后的特点是起火后燃烧猛烈，蔓延迅速，扑救困难，延烧时间长，损失严重等。农村堆垛火灾扑救方法主要有：

（1）直流水枪灭火。考虑到堆垛之间间距小，容易燃烧，有条件的农村志愿消防队可用直流水枪进行打压火势，同时在使用直流水枪灭火时应尽量减少横扫、竖扫等灭火动作，防止进飞火星。

（2）拉拽分离灭火。单独的堆垛或者较少数量的堆垛发生火灾，且火灾发生时火灾现场的风力不大，火灾现场距离着火的村、屯和其他可燃物较远时，灭火中可借助某种工具，通过某种力量将发生火灾或受火灾影响的堆垛进行拉拽分离移位。

（3）机械压埋灭火。这种堆垛火灾扑救方法适用于较多堆垛火灾、大风天的堆垛火灾、无法提供充足的灭火用水地区堆垛火灾和人力物力保障不足的堆垛火灾。这种灭火方法的优点是灭火效率快、效果好，节省人力和消防用水而且安全程度高。

（4）人工掩埋灭火。这种堆垛火灾扑救方法适用于大风天少量堆垛火灾、火灾现场消防水源严重不足的堆垛火灾、人力物力严重不足的堆垛火灾。人工掩埋灭火应将泥土尽可能均匀地覆盖在燃烧堆垛表面，有效控制飞火，确保大风天毗邻堆垛或其他物资的安全。

（5）扑灭阴燃火源。为了防止复燃，在明火扑灭以后，要组织人工、大型机械进行翻垛灭火，清理火场，彻底检查并扑灭阴燃火源。

 **火场逃生**

在农村柴草堆垛火灾中，尤其是有风的情况下，火势多变，火灾易形成跳跃式发展蔓延，逃生人员容易被突变的火势围困。逃生时可采取以下措施。

（1）保持镇静，及时报警，服从现场人员指挥，有序疏散。

（2）火灾中对人身造成的伤害主要来自高温、浓烟和一氧化碳，因此一旦发现自己身处柴草堆垛火灾中，应用沾湿的毛巾或衣物遮住口鼻，附近有水的话最好把身上的衣服弄湿。

（3）判明火势蔓延方向，逆风逃生，果断地迎风跑出火灾范围，切勿顺风而逃。逃生中一定要密切关注风向变化，这不仅决定大火的蔓延方向，也决定了你逃生方向的正确与否。

（4）当烟尘袭来时，用湿毛巾或衣服遮住口鼻迅速躲避。躲避不及时，应选在附近没有可燃物的平地卧地避烟，不可选择低洼地

避险与救助全攻略丛书

火灾险情预防与救助 154

或坑、洞等容易沉淀烟尘的地方。

### 堆垛火灾扑救注意事项

（1）移除附近堆垛。先移除受火灾威胁的附近堆垛，然后再移除其余邻近堆垛。

（2）保护未燃堆垛。用喷雾水枪全面覆盖邻近的未燃堆垛，降低其表面温度，防止受热辐射或飞火引发新火点。

（3）彻底扑灭余火。火场清理要注意扑灭内部阴燃和零星火点，防止复燃。

## 四、农村牲畜棚火灾

案例
回放

案例一：2011 年 12 月 15 日凌晨 1 时 15 分，位于西藏自治区警察学校以北约 1 000 m 处一简易养猪场发生火灾。此次火灾原因为用火不慎所致，过火面积约 30m²，造成直接财产损失 300 元，无人员、牲畜伤亡。

案例二：2012 年 6 月 11 日 15 时 29 分，宁夏平罗县渠口乡六羊村 1 队一农户家圈棚发生火灾，火势迅速向四周蔓延。消防官兵到达火灾现场，只见整个圈棚被滚滚浓烟所弥漫，圈棚内圈养的 15 只羊中 9 只已被烧死，此时天空刮着大风，严重危及圈棚后侧牲畜和左侧居民住宅。经过消防官兵全力扑救，大火被成功扑灭，确保了周围牲畜和居民的安全。

## 火灾原因

（1）饲养员的宿舍同牲畜棚毗连。饲养员生活用火不慎引起火灾，扩大到牲畜棚。

（2）饲料加工间同牲畜棚接近或连在一起，在用粉碎机械加工饲料时，混入铁钉、铁丝、石子等，摩擦撞击产生火花，引起火灾，扩大到牲畜棚。

（3）电线陈旧或安装不当，发生短路，产生火花引起火灾。

（4）牲畜棚使用油灯、蜡烛等照明，因挂放不牢或靠近可燃物引起火灾。

（5）饲养人员等乱丢烟头引燃可燃物起火。

（6）夏季熏蚊、虻时，用火点选择不当，引起周围可燃物燃烧，扩大成灾。

 **预防措施**

（1）饲养员的宿舍与牲畜棚区分开，避免饲养员的生活用火、吸烟等引发火灾蔓延扩大到牲畜棚。

（2）饲料加工间与牲畜棚毗连时，注意饲料加工机器运行中引发火灾蔓延扩大到牲畜棚。

（3）使用油灯、火把、蜡烛作为照明进入牲畜棚时，要注意飞火或靠近可燃物而引发火灾。

（4）牲畜棚内的照明设备，应采用电灯或马灯。使用电灯时其线路的布线及导线的选用，必须按照有关电气技术规程进行安装或检修。使用马灯照明时，灯具位置要固定好，挂放牢靠，并距可燃物不应少于30cm。

**处置对策**

（1）牲畜棚着火时，在条件允许的情况下，立即将牲畜棚门打开，放出牲畜让其逃生。

（2）必要时，应及时在牲畜棚与居住建筑之间

开隔离带，可以采用拆除毗连建筑、清理可燃物或设置灭火力量的方法，防止火灾蔓延到居住房。

（3）牲畜棚火灾扑灭后，要确保铡草间、料草间没有火星，防止出现"死灰复燃"。

## 五、农村沼气火灾

为解决新农村建设中资源匮乏和经济发展的矛盾，为农村大众解决生活能源问题，以农村现有的植物秸秆、动物粪便为原料，利用沼气池等设施经过长时间的发酵产生沼气，为百姓提供燃气，从一定程度上改善农民生活的条件。沼气中的甲烷是一种很容易燃烧的气体，一遇上火苗就会猛烈燃烧，温度可达 1 400℃，因此村民使用沼气时应注意火灾预防。

**案例回放**

**案例一：** 1991 年 2 月，大明二矿东一采区北一段综采工作面发生了一起沼气燃烧火灾事故。由于处理得当，在抢险救灾过程中没有造成人员伤亡。

**案例二：** 2011 年 4 月 12 日下午，张掖市甘州区沙井镇兴隆 7 社一民宅发生火灾，过火房屋为农家后院及屋后的成片麦草，火借风势越燃越烈，农家后院的沼气池被大火包围。在各种消防力量协力扑救下，蔓延的火势在 20 分钟后被控制，沼气池周围的火魔也被成功扑灭，避免了沼气池被引爆的巨大危险。

**火灾原因**

（1）检查沼气池能否产生沼气时动作不符合规定要求，会因池内有氧气或产生负压而使火焰窜入池内引发爆炸。

（2）沼气池在大进料、加水或试压灌水时，因操作过猛，产生过大压力或大进料时造成负压，都会导致沼气池爆炸。

（3）沼气池被雨水冲击或被淹，会发生池内超压爆炸危险。

（4）输气管道泄漏及使用炉灶违反操作程序，也会引发火灾危险。

 **预防措施**

（1）要经常观察沼气压力表。当池内压力过大时不仅影响产气，甚至有可能冲掉池盖。如果池盖被冲开，应立即熄灭附近的烟火，以免引起火灾。

（2）严禁在沼气池的出料口或导气管口点火，以免引起火灾或造成回火，致使池内气体猛烈膨胀，爆炸破裂。

（3）沼气灯和沼气炉不要放在衣服、柴草等易燃品附近，点火或燃烧时也要注意安全。

（4）经常检查输气管是否漏气和是否畅通。若有漏气，应及时采取措施使空气流通，充分换气后才能点火。

（5）沼气池操作人员不得使用明火照明，不准在产气池附近吸烟。

（6）沼气灶、沼气灯停止使用后，不要忘记关开关，关闭气源。

## 处置对策

（1）切断气源。若不能立即切断气源，则不允许熄灭正在燃烧的沼气。

（2）在确保安全的前提下，要把装有可燃气体的容器运离火灾现场。

（3）喷水冷却容器。使用大量水冷却装有危险品的容器，直到火完全熄灭。

（4）如果容器的安全阀发出声响，或容器变色，应迅速撤离。

## 六、烤烟房火灾

目前我国大多数省市都设有卷烟工厂，而种植烟叶也是部分农户增加经济收入的重要方式。农户上交烟叶前需在烤烟房内对烟叶进行初烤，因此，种植烟叶的农村，应做好烤烟房的火灾预防。

**案例回放**

**案例一：**2012 年 5 月 28 日晚，南雄市黄坑镇小陂头村一烤烟房由于烤烟没掌握好温度所以引发火灾，过火面积 15m$^2$，房内堆放大量烟叶，烟叶表面已经完全点燃，火势猛烈，房子有坍塌的危险，房内无人员被困，着火房子右侧有相连房屋，如果不及时控制火势，大火很可能蔓延到旁边建筑，经过消防队员及时地扑救，15分钟后明火基本熄灭。

案例二：2012年9月9日，贵州省兴义市万屯镇一民用烤烟房发生火灾，火势正处于猛烈的蔓延状态，整个房间内堆满了快烘干的烤烟叶，导致火势持续猛烈燃烧，而房顶已被大火烧透，随时都有可能坍塌，房梁被点燃呈"烤碳形式"，所以仍有蔓延趋势。房间内通道狭窄，消防官兵使用1支水枪深入内部，经过20多分钟的奋力扑救，明火迅速被扑灭。

 **火灾原因**

（1）多数农村烤烟房为茅草、砖木结构建筑，干燥天气遇明火易发生火灾，且火势蔓延迅速。

（2）烤烟房内堆放着大量烟叶，长时间不翻动、不除湿，易滋生微生物，导致烟草堆垛自燃。

（3）农村烤烟房内常使用明火照明，火星易引燃烟草堆垛，引发火灾。

（4）烤烟房烟草堆垛堆放过高，与照明设备间距小于安全距离，易被引燃，引发火灾。

（5）烟叶使用明火直接烘烤，过热引燃烟叶，引发火灾。

**预防措施**

（1）烤烟房应单独建造，远离粮仓、牲畜棚、可燃材料堆场及民房。

（2）烟叶不宜用明火直接烘烤，应通过火坑、烟道（或火管）、火墙传热供烤，以保持室内温度均衡，又比较安全。

（3）挂烟竿与火管应保持 2m 以上距离。挂烟后，底层烟叶尖端，与火管的距离应在 0.7m 以上，防止太近起火。

（4）烟竿或烟绳要挂牢，拴牢、拉紧。烟叶不可挂得太多，防止压断烟绳使烟叶掉在火管上，烤着起火。

（5）在有条件的情况下，应在火炉上方 0.7m 高度设置不燃材料制作的防火网，防止下掉烟叶落在火炉或火管上引起火灾。

**处置对策**

（1）做好火情侦察

通过向烤烟房的主人或相邻的村民了解烤烟房的建筑结构，烟叶数量和加热方式，烤烟房有无倒塌危险，通过冒出的烟气推断内部的火势情况。

（2）组织村民进行有效的内功

很多烤烟房建在田间地头，远离生活水源，灭火时农村志愿消防队可采用手抬机动泵抽水，从烤烟房的门口或房顶向内部射水进行灭火，但打开房门时应注意防止发生爆燃。

（3）组织村民疏散烟叶

由于烤烟房内烟叶多，水很难全部渗入内部，为有效减少损失，在必要时应及时组织人员疏散烟叶。